【现代农业科技与管理系列】

玉米
裹包青贮技术

主　　编	许　娟			
副主编	夏献锋	李　洋	彭晓东	
编写人员	李正海	缪　新	刘继奎	邹泽众
	金腊生	陈　群		
审稿顾问	张　琴	陈洪俭	陈　莉	程起方

时代出版传媒股份有限公司
安徽科学技术出版社

图书在版编目(CIP)数据

玉米裹包青贮技术 / 许娟主编. --合肥:安徽科学技术出版社,2021.12

助力乡村振兴出版计划. 现代农业科技与管理系列

ISBN 978-7-5337-8540-6

Ⅰ.①玉… Ⅱ.①许… Ⅲ.①青贮玉米-栽培技术 Ⅳ.①S513

中国版本图书馆 CIP 数据核字(2021)第 262952 号

玉米裹包青贮技术 主编 许 娟

出 版 人:丁凌云	选题策划:丁凌云 蒋贤骏 余登兵	责任编辑:田 斌
责任校对:李 茜	责任印制:李伦洲	装帧设计:王 艳

出版发行:时代出版传媒股份有限公司　　http://www.press-mart.com

　　　　　安徽科学技术出版社　　　　　http://www.ahstp.net

（合肥市政务文化新区翡翠路 1118 号出版传媒广场,邮编:230071）

电话:(0551)63533330

印　　制:合肥华云印务有限责任公司　　电话:(0551)63418899

（如发现印装质量问题,影响阅读,请与印刷厂商联系调换）

开本:720×1010　1/16　　　印张:8　　　字数:90 千

版次:2021 年 12 月第 1 版　　2021 年 12 月第 1 次印刷

ISBN 978-7-5337-8540-6　　　　　　　　　　定价:30.00 元

版权所有,侵权必究

"助力乡村振兴出版计划"编委会

主 任
查结联

副主任
罗　平　卢仕仁　江　洪　夏　涛
徐义流　马占文　吴文胜　董　磊

委 员
马传喜　李泽福　李　红　操海群
莫国富　郭志学　李升和　郑　可
张克文　朱寒冬

【现代农业科技与管理系列】
（本系列主要由安徽农业大学组织编写）

总主编：操海群
副总主编：武立权　黄正来

出版说明

"助力乡村振兴出版计划"(以下简称"本计划")以习近平新时代中国特色社会主义思想为指导,是在全国脱贫攻坚目标任务完成并向全面推进乡村振兴转进的重要历史时刻,由中共安徽省委宣传部主持实施的一项重点出版项目。

本计划以服务区域乡村振兴事业为出版定位,围绕乡村产业振兴、人才振兴、文化振兴、生态振兴和组织振兴展开,由《现代种植业实用技术》《现代养殖业实用技术》《新型农民职业技能提升》《现代农业科技与管理》《现代乡村社会治理》五个子系列组成,主要内容涵盖特色养殖业和疾病防控技术、特色种植业及病虫害绿色防控技术、集体经济发展、休闲农业和乡村旅游融合发展、新型农业经营主体培育、农村环境生态化治理、农村基层党建等。选题组织力求满足乡村振兴实务需求,编写内容努力做到通俗易懂。

本计划的呈现形式是以图书为主的融媒体出版物。图书的主要读者对象是新型农民、县乡村基层干部、"三农"工作者。为扩大传播面、提高传播效率,与图书出版同步,配套制作了部分精品音视频,在每册图书封底放置二维码,供扫码使用,以适应广大农民朋友的移动阅读需求。

本计划的编写和出版,代表了当前农业科研成果转化和普及的新进展,凝聚了乡村社会治理研究者和实务者的集体智慧,在此谨向有关单位和个人致以衷心的感谢!

虽然我们始终秉持高水平策划、高质量编写的精品出版理念,但因水平所限仍会有诸多不足和错漏之处,敬请广大读者提出宝贵意见和建议,以便修订再版时改正。

本册编写说明

玉米青贮技术是将蜡熟期带穗的整株玉米切碎后,在密闭、无氧环境下,通过微生物厌氧发酵和化学作用,制作营养丰富、适口性好、消化率高的畜禽饲料的一种方法。近年来,随着我国畜牧业的发展,国家"粮改饲"政策的实施,畜禽养殖对饲料粮品质与数量需求的不断增长,玉米青贮生产已经走上产业化、现代化的道路,对青贮玉米技术的掌握、研究与创新已经成为解决饲料资源紧缺、促进畜牧业发展的必要途径。

玉米裹包青贮技术是以打捆、裹包形式进行玉米青贮的技术,生产的青贮玉米具有品质好、便于运输、可长期保存、取饲方便、综合效益高等特点。为进一步推广玉米裹包青贮技术在行业中的应用,我们组织编写了《玉米裹包青贮技术》。本书分玉米生产概况、青贮玉米生产概况、青贮玉米品种、青贮玉米高效种植与管理、青贮玉米裹包技术概述、青贮玉米裹包加工、玉米青贮裹包质量评价与饲喂管理七个章节,从玉米到青贮玉米,从裹包技术概述到技术实操,从裹包制作到保管、饲喂,系统全面地介绍了玉米裹包技术的相关知识,内容丰富、技术先进实用、可操作性强,适用于广大的青贮玉米种植人员、青贮饲料生产技术人员及畜牧养殖人员,是提供实操可借鉴的生产技术用书,旨在助力乡村振兴。

本书在编写过程中,参考、引用了相关文献资料,在此谨向其作者表达谢意。

目 录

第一章　玉米生产概况 ····································· 1
　第一节　玉米的概念及分布 ····························· 1
　第二节　玉米的分类 ··································· 3
　第三节　玉米生产的重要性 ····························· 6

第二章　青贮玉米生产概述 ································ 11
　第一节　青贮玉米概述 ································ 11
　第二节　青贮玉米生产的必要性与意义 ·················· 14

第三章　青贮玉米品种 ···································· 21
　第一节　青贮专用型玉米 ······························ 21
　第二节　粮饲兼用及通用型玉米 ························ 32

第四章　青贮玉米高效种植与管理 ·························· 41
　第一节　品种选择 ···································· 41
　第二节　播种技术 ···································· 43
　第三节　田间管理 ···································· 47
　第四节　主要病虫草害防治 ···························· 51

第五章　青贮玉米裹包技术概述 ···························· 62
　第一节　青贮玉米裹包技术的概念、影响因素
　　　　　及特点 ···································· 62
　第二节　青贮裹包技术应用现状及发展趋势 ·············· 66

第三节　青贮玉米裹包机械的类别及应用 …………………68
　　第四节　青贮添加剂的类别及应用 ……………………………73

第六章　青贮玉米裹包加工制作 ……………………………………79
　　第一节　青贮玉米的收获与运输 ………………………………79
　　第二节　青贮玉米裹包前的准备 ………………………………85
　　第三节　裹包制作 ………………………………………………92
　　第四节　裹包堆放与贮存 ………………………………………96

第七章　玉米青贮裹包质量评价与饲喂管理 ………………………98
　　第一节　玉米青贮裹包品质评定 ………………………………98
　　第二节　玉米青贮裹包取用与饲喂 ……………………………118

第一章 玉米生产概况

第一节 玉米的概念及分布

一、玉米的概念

玉米是禾本科玉蜀黍属一年生草本植物,别名有玉蜀黍、棒子、苞谷、苞米、包粟、玉荍、珍珠米、苞芦、大芦粟。东北辽宁话称之为珍珠粒,潮州话称之为薏米仁,粤语称之为粟米,闽南语称之为番麦。玉米是一年生雌雄同株异花授粉植物,植株高大,茎强壮,是重要的粮食作物和饲料作物,也是全世界总产量较高的农作物,其种植面积和总产量仅次于水稻和小麦。玉米一直都被誉为"长寿食品",含有丰富的蛋白质、脂肪、维生素、微量元素、纤维素等,具有可开发成高营养、高生物学功能食品的巨大潜力。

二、玉米的种植区域分布

玉米原产于中南美洲,现在世界各地均有栽培,主要分布在30°~50°纬度地区,栽培面积较多的是美国、中国、巴西、墨西哥、南非、印度和罗马尼亚。玉米在我国分布极广,东至台湾和沿海各省,西至新疆及西藏高原,南至北纬18°的海南省,北至北纬53°的黑龙江省的黑河以北地

区。其中,黑龙江、吉林、辽宁、河北、山东、河南、山西、陕西、四川、贵州、广西和云南12个省(区)的播种面积占全国玉米播种总面积的80%以上,新疆内陆灌溉区和东南沿海江苏、浙江等省的丘陵山区,玉米分布也比较集中。

根据分布范围、自然条件、耕种制度、栽培特点、品种类型等,全国可划分6个玉米主产区,有北方春播玉米区、黄淮海夏播玉米区、西南山地丘陵玉米区、南方丘陵玉米区、西北灌溉玉米区和青藏高原玉米区。各玉米主产区的分布区域范围见表1-1。

表1-1 中国玉米主产区分布区域范围

序	主产区	分布区域范围
1	北方春播玉米区	包括黑龙江、吉林、辽宁、宁夏、内蒙古,山西的大部,河北、陕西的北部和南部
2	黄淮海夏播玉米区	包括黄河、淮河、海河流域中下游的山东、河南,河北、山西的中南部、陕西关中、江苏、安徽的徐淮地区
3	西南山地丘陵玉米区	包括四川、云南、贵州的全部,陕西南部,广西、湖南、湖北的西部丘陵山区和甘肃的一小部分
4	南方丘陵玉米区	包括广东、海南、福建、浙江、江西、台湾等省,江苏、安徽的南部,广西、湖南、湖北的东部
5	西北灌溉玉米区	包括新疆,甘肃的河西走廊和宁夏的河套灌溉区
6	青藏高原玉米区	包括青海省和西藏自治区

第二节 玉米的分类

一 按籽粒形态与结构分类

根据籽粒有无稃壳、籽粒形状及胚乳性质,可将玉米分成9个类型:

硬粒型:又称燧石型,适应性强,耐瘠、早熟。果穗多呈锥形,籽粒顶部呈圆形。由于胚乳外周是角质淀粉,故籽粒外表透明,外皮具光泽,且坚硬,多为黄色。

马齿型:植株高大,耐肥水,产量高,成熟较迟。果穗呈筒形,籽粒长、大且扁平,籽粒的两侧为角质淀粉,中央和顶部为粉质淀粉,成熟时顶部的粉质淀粉失水干燥较快,籽粒顶端凹陷呈马齿状,故而得名。

半马齿型:介于硬粒型与马齿型之间,籽粒顶端凹陷深度比马齿型浅,角质胚乳较多。种皮较厚,产量较高。

粉质型:又名软粒型,果穗及籽粒形状与硬粒型相似,但胚乳全由粉质淀粉组成,籽粒乳白色,无光泽。

甜质型:又称甜玉米,胚乳中含有较多的糖分及水分,成熟时因水分蒸散而种子皱缩,多为角质胚乳,坚硬呈半透明状。

甜粉型:籽粒上部为甜质型角质胚乳,下部为粉质胚乳,较为罕见。

爆裂型:又名玉米麦,每株结穗较多,但果穗与籽粒都小,籽粒呈圆形,顶端突出,淀粉类型几乎全为角质。

蜡质型:又名糯质型。原产于我国,果穗较小,籽粒中胚乳几乎全由支链淀粉构成,不透明,无光泽如蜡状。

有稃型:籽粒为较长的稃壳所包被,故名。稃壳顶端有时有芒。有

较强的自花不孕性,雄花序发达,籽粒坚硬,脱粒困难。

二 按生育期分类

主要是由于遗传上的差异,不同的玉米类型从播种到成熟,生育期亦不一样,根据生育期的长、短,可分为早熟、中熟、晚熟类型。由于我国幅员辽阔,各地划分早熟、中熟、晚熟的标准不完全一致,一般认为:

早熟品种:春播80~100天,需积温2 000~2 200℃;夏播70~85天,需积温1 800~2 100℃。早熟品种一般植株矮小,叶片数量少,为14~17片。由于生育期的限制,产量潜力较小。

中熟品种:春播100~120天,需积温2 300~2 500℃;夏播85~95天,需积温2 100~2 200℃。叶片数较早熟品种多而较晚熟品种少。

晚熟品种:春播120~150天,需积温2 500~2 800℃;夏播96天以上,积温2 300℃以上。一般植株高大,叶片数多,为21~25片。由于生育期长,产量潜力较大。

由于温度高、低和光照时数的差异,玉米品种在南北方引种时,生育期会发生变化。一般规律是:北方品种向南方引种,常因日照短、温度高而缩短生育期;反之,向北方引种则生育期会有所延长。生育期的变化大、小,取决于品种本身对光温的敏感程度,对光温越敏感,生育期变化越大。

三 按植株形态分类

紧凑型:植株形态紧凑,叶片上举,穗位上茎叶夹角小于15°,受光姿态好,适宜密植。

平展型:植株形态松散,穗位上茎叶夹角大于30°,不宜密植。

半紧凑型:处于上面两者之间。

第一章 玉米生产概况

（四）按用途与籽粒组成成分分类

根据籽粒的组成成分及特殊用途,可将玉米分为普通玉米和特用玉米两大类。普通玉米是指普遍种植的除特用玉米以外的玉米。特用玉米是指具有较高的经济价值和加工利用价值的玉米,这些玉米有各自的遗传因素,表现出具有特色的籽粒构造、营养成分、食用风味和加工品质,具备各自特殊的用途。常见的特用玉米主要有甜玉米、糯玉米、青贮玉米、爆裂玉米、高油玉米、高赖氨酸玉米、高直链淀粉玉米等。

甜玉米:又称蔬菜玉米,既可以煮熟后直接食用,又可以制成各种风味的罐头、加工食品和冷冻食品。甜玉米之所以甜,是因为玉米含糖量高。由于遗传因素不同,甜玉米又可分为普甜玉米、加强甜玉米和超甜玉米3类。甜玉米在发达国家销量较大。

糯玉米:又称黏玉米,其胚乳淀粉几乎全由支链淀粉组成。支链淀粉与直链淀粉的区别是,前者分子量比后者小得多,但其食用消化率却高出后者20%以上。糯玉米具有较高的黏滞性及适口性,可以鲜食或制成罐头。由于糯玉米食用消化率高,故用作饲料可以提高饲养效率。

青贮玉米:指在适宜收获期内收获包括果穗在内的地上全部绿色植株,并经切碎、加工,适宜用青贮发酵的方法来制作青贮饲料以饲喂牛、羊等为主的草食牲畜的一种玉米。

爆裂玉米:即前述的爆裂玉米类型,其突出特点是角质胚乳含量高,淀粉粒内的水分遇高温而爆裂。一般作为风味食品在大中城市流行。

高油玉米:是指籽粒含油量超过8%的玉米类型,由于玉米油主要存在于胚内,直观上看高油玉米都有较大的胚。

高赖氨酸玉米:也称优质蛋白玉米,即玉米籽粒中赖氨酸含量在0.4%以上,普通玉米的赖氨酸含量一般在0.2%左右。高赖氨酸玉米食用

的营养价值很高,相当于脱脂奶。随着高产的优质蛋白玉米品种的涌现,高赖氨酸玉米的发展前景极为广阔。

高直链淀粉玉米:高直链淀粉玉米是指玉米淀粉中直链淀粉的含量在50%以上的特用型玉米。

▶ 第三节　玉米生产的重要性

一 玉米的用途广泛

玉米是粮、经、饲兼用的作物,其用途已渗透到工农业的各个方面。

1. 玉米具有食用功能,是重要的粮食作物

玉米是世界上最重要的食粮之一,特别是一些非洲、拉丁美洲国家。现今全世界约有1/3人口以玉米作为主要粮食。其中亚洲人的食物组成中玉米占50%,多者在90%以上;非洲占25%;拉丁美洲占40%。在中国,玉米是三大粮食作物之一,在粮食总供给中占25%以上,有关专家预测,2030年粮食总需求量达7.34亿吨,而且要达到这些指标,玉米产量将达到粮食总产量的30%。

玉米是重要的粮食作物,具有很丰富的营养。玉米籽粒含有丰富的蛋白质、淀粉、脂肪、纤维素、维生素等成分,有很高的食用价值。玉米的蛋白质含量高于大米,脂肪含量高于面粉、大米和小米,热含量高于面粉、大米及高粱。玉米的维生素含量也很高,是稻谷和小麦的5~10倍,对人体健康非常有利。玉米中富含的维生素,能起到延年益寿、美容养颜的作用。其中含有的维生素B_6、烟酸等成分,具有刺激胃肠蠕动、加速粪便排泄的作用,可以防治便秘、肠炎、肠癌等疾病;含有的维生素E不仅具有促进细胞分裂、降低血清胆固醇、延缓衰老、降低血脂、预防皮肤病变的功能,而且还能减轻脑功能衰退和动脉硬化。随着食品加工工艺的发展,新的玉米加工食品如玉米片、玉米面、特制玉米粉、速食玉米等随之产生,并可进一步制成面条、面包、饼干、膨化食品、玉米啤酒等食用产品。

2. 玉米可加工成饲料,有饲用功能

相关研究指出,世界上近65%的玉米均被用作饲料。玉米籽粒可以作为能量饲料,秸秆可作为青贮饲料,因而被誉为"饲料之王"。玉米籽粒作为能量饲料,主要为家畜、家禽的上等精饲料,一般每100千克的玉米籽粒的饲用价值相当于燕麦135千克、高粱120千克、稻谷150千克、大麦130千克。随着饲料加工产业的飞速发展,玉米作为浓缩饲料和配合饲料的主要原料被广泛应用。

玉米秸秆是特别好的粗饲料,特别是奶牛与肉牛的重要饲料,为牲畜提供必需的营养,可代替部分精饲料进行牲畜饲喂。在畜牧业比较发达的国家,玉米青贮饲料早已经成为养牛必备的强化饲料,秸秆青贮不仅可以保持茎叶鲜嫩多汁,而且在青贮过程中经微生物作用产生乳酸等物质,增强了适口性,其对畜牧业的发展起着毋庸置疑的推动作用。目前,玉米青贮饲料可根据牲畜对营养的需求,进行全株玉米青贮,同时利用籽粒与秸秆的营养,作为牲畜养殖的重要饲料。

另外,在玉米湿磨、干磨、淀粉、啤酒、糊精、糖等加工过程中生产的胚、麸皮、浆液等副产品,也是重要的饲料资源,在美国占饲料加工原料的5%以上。

3. 玉米是工业加工重要的原料

玉米在工业领域的用途也非常广泛,是目前生物加工最好的再生资源,初加工和深加工产品在500种以上,综合利用率高于其他任何作物。

玉米是目前世界上淀粉生产利用最多的原料,在淀粉生产中占有重要位置,美国等一些国家则完全以玉米为原料进行淀粉生产。用淀粉做工业原料,1 000千克普通玉米可以生产600千克淀粉。以玉米为原料的制糖工业正在蓬勃发展,玉米制糖的品种、产量和应用大大增加。专家预计,未来玉米糖将占甜味剂市场的50%。玉米是发酵工业的良好原料,为发酵工业提供了丰富而经济的碳水化合物,利用玉米浸泡液、粉浆等发酵,可生产酒精、啤酒等产品。玉米还可以加工成玉米油,玉米油是玉米籽粒中最有价值的营养成分之一,有"健康营养油"的美誉。玉米油集中在种胚中,玉米胚的含油量高达50%。玉米油主要由不饱和脂肪酸组成,其中亚油酸是人体必需脂肪酸,是构成人体细胞的组成部分,在人体内可与胆固醇相结合,呈流动性和正常代谢,富含维生素E,有抗氧化作用,可防治干眼症、夜盲症、皮炎、支气管扩张等多种疾病,并具有一定的抗癌作用。由于玉米油的上述特点,加上营养价值高、味觉好、不容易变质,因而广受人们的欢迎。

玉米还可生产可降解塑料。在世界各国大力提倡环保的今天,使用可降解的塑料是预防白色垃圾污染的最有效途径。

另外,玉米可生产降解地膜、液态燃料等,玉米秸秆、穗轴可用于生产食用菌,玉米的苞叶可用于编制提篮、座垫等工艺品。

二 种植玉米的综合效益显著

1.玉米是高产作物之王

玉米是高产作物,增产潜力很大。玉米是C4作物,比水稻、小麦等C3作物多1个二氧化碳的吸收和运转过程,能更多地利用空气中低浓度的二氧化碳,光合效率高,故产量也高。据报道,2019年由美国国家玉米种植协会(NCGA)组织的玉米高产竞赛创造出了平均亩产2 576千克的

世界玉米最高纪录。在我国,由中国农科院作物研究所科研团队种植的玉米密植高产示范田,玉米最高亩产达到1 663.25千克的全国最高纪录。

2. 玉米是农业生态中的重要调节作物

种植玉米有利于合理轮作,玉米茬口好,又耐连作,这是大豆、水稻所不及的。另外,玉米饲料能过腹肥田,发展畜牧业,发达的畜牧业又为农业提供了大量优质的有机肥料,形成一个保持土壤活力的良性循环。

另外,秸秆还田面积大,生物产量高,为培肥地力提供了充足的原料。秸秆还田可增加土壤有机质和养分含量,改善土壤物理性状,有利于提高土壤生物活性。来自美国的定点实验表明,秸秆还田的土壤比不还田的土壤中C、N、S、P分别增加47%、37%、45%和14%。

3. 玉米是重要的饲料作物,市场消费潜力大

目前,国内饲料业、养殖业在迅速发展,玉米饲料也逐步成为不可或缺的重要畜牧业饲料产品,呈现迅猛上升的发展势头。国家实施"粮改饲"政策以来,调整农作物种植结构,玉米饲料中的青贮玉米更是迎来了新的发展机遇。随着现代人对高品质肉制品与奶制品的需求增加,品质提升的同时带来肉类出口前景的好转,玉米饲料的消费市场不断扩大,带来的经济效益潜力巨大。

4. 玉米是不可替代的工业原料,深加工产业发展前景广阔

玉米的加工产品范围广,利用率高,市场前景广阔。而且因为它是可再生的生物基础原料,市场价值高。

世界原油价格的大幅上涨与石油资源的不可再生性给替代能源带来了发展机遇,而玉米作为生产乙醇汽油的主要原料,其需求也面临着不断扩大的趋势。汽油在加入燃烧值较高的乙醇后,能使汽油更加充分地燃烧,减少污染物CO和SO_2的排放,从而改善了大气环境。玉米作为

一种可再生的清洁能源,燃料乙醇利用玉米(或其他谷物、糖类等)作为原材料,利用生物发酵的原理,生产出纯度超过99.5%的无水乙醇,将燃料乙醇与汽油以恰当的比例混合,制作出乙醇汽油。除了制作燃料,玉米还可以用于修复遭受石油污染的土壤。将化学合成、微生物产生以及通过植物提取等不同来源的表面活性剂以10 000毫克/升的浓度添加到土壤中,能够强化玉米对土壤中石油烃的修复。通过试验发现,向土壤中添加表面活性剂和大豆卵磷脂后,微生物的数量明显增加,石油烃分别减少了12%和19%;而加入化学表面活性剂后,微生物的数量以及多环芳烃在玉米植株内的积累无明显变化。该技术方便、实用,是环境友好型治理方式,可广泛用于治理石油对土壤的污染。

第二章 青贮玉米生产概述

第一节 青贮玉米概述

一 青贮技术的概念与起源

青贮技术就是把新鲜的秸秆填入密闭的青贮窖或青贮塔内,经过微生物发酵作用,达到长期保存其青绿、多汁营养特性之目的的一种简单、可靠、经济的秸秆处理技术。青贮发酵作用,可以把适口性差、质地粗硬、木质素含量高的秸秆变成柔软多汁、气味酸甜芳香、适口性好的粗饲料。

青贮技术历史悠久,从迦太基遗址中就发现,早在公元前1200年,那里就有青贮窖。在意大利,青贮至少有700年的历史。18至19世纪,在瑞典、德国等波罗的海沿岸一些国家就有青贮牧草或甜菜的记载。在一些发达的畜牧业国家,玉米青贮饲料早已成为反刍牲畜的主要饲料。

二 青贮玉米的概念及分类

青贮玉米也叫青饲玉米,是指收割玉米鲜嫩植株或收获乳熟期至蜡熟期的整株玉米,或在蜡熟期先采摘果穗,然后再把青绿茎叶的植株割下,经切碎加工后直接或贮藏发酵后用作牲畜饲料的玉米。

裹包青贮技术

青贮玉米一般具备生长迅速、植株高大、茎叶繁茂、营养成分高等特点。青贮玉米饲料含有丰富的维生素及微量元素,微量元素高于籽实,同时含有的淀粉、可溶性碳水化合物与蛋白质含量高,纤维素和半纤维素含量低,适口性好,消化率高。青贮玉米有其独特之处。首先,青贮玉米作为青绿饲料,全株都可饲用,是粮饲兼用型品种,籽粒成熟后,植株不衰老,仍可保持青绿。青贮玉米还具有多汁的特性,茎叶的表皮脆嫩,营养丰富。无论是哪一品种的青贮玉米都植株繁茂,分枝型品种的分支性强,茎叶较为繁茂,而单秆型品种的植株高大、粗壮,叶片大。其次,青贮玉米的产量高,即绿色体的产量高,并且品质好,一般的专用型青贮玉米的产量可达6千克/平方米。品质好主要表现为适口性好、柔软多汁、采食量大,并且营养价值丰富。国内普遍将青贮玉米分为3种类型,包括青贮专用玉米、粮饲兼用玉米、粮饲通用玉米。

青贮专用玉米:是指产量高、品质好,只适合做青贮的,在乳熟期至蜡熟期,收获包括果穗在内的整株玉米。青贮专用玉米既能满足牛、羊等草食牲畜对粗饲料品质的需求,又具有较高生物产量和很好的适口性,主要具备果穗发育良好、持绿性好、抗倒伏、抗病性强、适收期长、生物产量高、淀粉含量高、纤维品质好等特质。

粮饲兼用玉米:是指持绿性较好的籽粒玉米,即把玉米果穗收获后,植株依然具有较好的持绿性,可以再把剩余植株收获青贮的活秆成熟类籽粒玉米。粮饲兼用型玉米主要优势是在玉米籽粒收获后,可将其秸秆作为饲料原料进行收储。

粮饲通用玉米:是指既可作为普通玉米收获籽实,亦可作为全株青贮饲料的一种多用型青贮玉米。粮饲通用玉米既有很好的籽粒产量,又有较高的生物产量和较好的青贮品质。既可以作为籽粒玉米种植,又可以作为青贮玉米种植。在收获季节,可随市场的需求确定用途。如果粮价高时可收获玉米籽粒卖粮,青贮饲料价格高时可作为全株青贮玉米饲料使用。如此一来,可随着市场变化而随时变换用途,保证较好的收益,充分发挥利益最大化,平衡种、养、收三者之间的利益关系,保证产业效益。

三、青贮玉米与普通籽粒型玉米品种的主要区别

1.青贮玉米与普通籽粒型玉米的要求及育种方向不同

青贮玉米的育种方向是生物产量高、淀粉含量高、干物质含量高、纤维品质好、持绿性好、消化率高、适口性好。而普通玉米的育种方向则是茎秆低、耐密、成熟早、脱水快。青贮玉米的育种要求要比普通籽粒型玉米的育种要求高。

2.青贮玉米与普通籽粒型玉米的生理特征不同

株型不同:青贮玉米品种比普通籽粒型玉米植株高大,一般在2.5~3.5米,最高可达4米,以获取更高的生物产量和干物质,以生产鲜秸秆为主。和普通籽粒型玉米相对比,青贮玉米的持绿性更加出色,纤维成分的品质更好,普通籽粒型玉米则主要是以收获籽粒的产量为主。

从收获的时间上来说,对于青贮玉米,最好的收获时间是乳熟末期和蜡熟前期,此期间去收获青贮玉米,产量最高,营养价值也较为可观;普通籽粒型玉米需要在完熟期后、籽粒上看不到乳线、出现黑层,才可以收获。

用途不同:普通籽粒型玉米除了是重要的饲料外,也是极为重要的粮食和工业原料,而青贮玉米主要用作饲料。作为饲料,青贮玉米的营养价值高,有香味,动物食用后的消化率极高。鲜样中富含的粗蛋白质、维生素等符合饲料的全部要求。用青贮饲料去喂养奶牛,每年都可以多产0.5吨以上的鲜奶,且只是吃原来饲料的4/5,真正地实现了"吃得少,产

得多"。

3. 青贮玉米的产量及其品质评价

选择青贮玉米作为饲料,主要考虑玉米种植的生物产量,就是单位面积下可以产更多的饲料。在同等条件下,青贮饲料的平均亩产为5吨以上,是普通籽粒型玉米的2倍有余。对于选择玉米来说,不能仅仅考虑其营养价值,更应该考虑玉米的产量。并且,青贮玉米的营养价值高,远远超过普通籽粒型玉米,所以,青贮玉米更加适合用来制作饲料。

▶ 第二节 青贮玉米生产的必要性与意义

一、青贮玉米生产的必要性

1. 青贮玉米生产符合当前产业发展形势

畜牧业迅速发展的基础保障是草牧业的发展支撑,草牧业包括牛、羊等草食牧业,同时也包括草料产业和草原生态保护建设。它是保障人民群众"菜篮子"和满足城乡居民多样化消费需求的民生产业,是农业产业结构调整、畜牧业发展方式转变与可持续发展的必然要求。

2015年中央"一号文件"明确指出,要加快发展草牧业,支持青贮玉米和苜蓿等饲草种植,开展"粮改饲"和种养结合模式试点,促进粮食、经济作物、饲草三元种植结构协调发展。当年5月4日,由农业部印发的《关于促进草食畜牧业加快发展的指导意见》提出,要优化、调整农业结构,大力支持青贮玉米等优质饲料的发展。青贮玉米的生产与加工逐步成为研究热点,青贮玉米产业得到进一步的发展。农业部2016年印发了《关于进一步调整优化农业结构的指导意见》,提出:以"粮草兼顾、农牧结合、循环发展"为导向,调整优化种养结构。积极发展饲用玉米、青贮玉米等,发展苜蓿等优质牧草种植,进一步挖掘秸秆饲料化潜力,开展"粮改饲"和种养结合模式试点,促进粮食、经济作物、饲草料三元种植结构协调发展。2018年,在国务院关于构建现代农业体系深化农业供给侧结构性改革工作情况的报告中,又明确要求扩大"粮改饲"试点规模,实施奶业振兴。2019年中央"一号文件"又重申要合理调整粮、经、饲结构,发展青贮玉米等优质饲草料生产。

2. 青贮玉米营养丰富,是草食性动物的优质饲料

在传统的家畜饲喂方式中,多种维生素和微量元素严重缺乏,对草食性家畜的生长、发育、繁殖和哺乳都有不利影响,而青贮玉米饲料却可以弥补这些不足。青贮玉米一般是在玉米籽粒的乳熟尾期或者进入蜡熟期之前进行收获,此时收获的玉米产量能够达到最高,而且处在此时期的玉米营养价值较高,加工成青贮玉米后制作成饲料喂养牲畜能提供牲畜所需的营养价值。青贮玉米含水量高,在正常状态下,青贮玉米的含水量在75%左右,营养成分主要包括糖分(12%~18%)、粗蛋白(10%~14%)、粗纤维(6%~10%)、粗脂肪(3%~5%)、干物质(30%~55%)和淀粉(25%~35%),与成熟期的籽粒玉米营养成分相似,但青贮玉米在加工过程中需进行发酵。发酵后的粗纤维、锌、钙、铁等营养含量要高于成熟期的玉米和秸秆中的营养含量,营养成分会明显提升。另外,经过发酵后的玉米会将单纯的糖类转化为较为完整的纤维类和有机酸,有效改善了牲畜消化系统,提高了饲料的适口性。

与其他饲草相比,发酵后的青贮玉米每千克的营养价值相当于0.22~0.25个饲料单位或相当于0.4千克优质干草。每千克青贮玉米含粗蛋白20克,蛋白质含量高,可消化蛋白质12.04毫克,可消化率也较高。此外,还含有丰富的维生素和矿物质,具体含量见表2-1。青贮玉米

秸秆比风干玉米秸秆蛋白质高1倍,粗脂肪高4倍,粗纤维低7.5%。青贮玉米兼具青饲玉米与干饲玉米两者的优点,同时,还避免了它们的缺点,具有高能量、易消化、柔软芳香、适口性好、可长期保存、成本低等诸多优点,逐步成为反刍牲畜日粮的主要饲料构成。

表2-1　青贮玉米维生素与矿物质含量(单位:毫克)

所含物质		含量
维生素	胡萝卜素	11
	烟酸	10.4
	维生素C	75.7
	维生素A	9.4
矿物质含量	钙	7.8
	铁	227.1
	铜	9.4
	钴	11.7
	锰	25.1
	锌	110.1

3.发展青贮玉米产业经济效益显著

随着社会经济的发展,人们对肉、蛋、奶的需求水平的提升,对畜牧业产品的量与质的需求都在不断地提高,对于草食家畜的饲养水平来说是新的挑战。草食家畜饲养要获得较高的经济效益,科学的饲养管理和低成本的优质饲料必不可少。饲养成本中,一般饲料成本占70%,其中含精饲料、粗饲料、青饲料及矿物质料,是决定饲养效益高低的关键因素。玉米青贮饲料既是青绿多汁饲料,又可替代部分粗饲料和精饲料。因为生产青贮玉米比生产粮食作物能增加2~3倍的营养物质,青贮玉米的饲养优势十分明显。青贮玉米可充分利用植物的茎叶,同时可增加其营养物质的产量,因此比普通籽粒型玉米的营养价值高。

相关技术研究表明,青贮玉米和收获籽粒的玉米在应用畜牧饲料生产方面,青贮玉米的产量为6.5~8.5千克/平方米,而收获籽粒的玉米的产量仅为3.1~4.3千克/平方米。在产量方面,青贮玉米种植具备更明显的优势。在经济效益方面,根据2020年市场行情估算,青贮玉米每亩产值为1 080~1 440元,而收获籽粒的玉米每亩产值为1 000~1 375元。在利润方面,青贮玉米每亩能够获得300元以上的收益,而收获籽粒的玉米每亩只能获得200元左右的收益。将青贮玉米应用于畜牧饲料方面,1公顷饲料产量为60吨,1公顷收获籽粒的玉米的饲料产量为20吨,青贮玉米饲料产量是收获籽粒玉米的3倍。对比后不难发现,青贮玉米应用于畜牧饲料生产方面的营养价值和产量都明显高于收获籽粒的玉米,其具有更好的经济价值。

以奶牛的饲养为例来评价青贮玉米饲料带来的经济效益。有研究发现,使用青贮玉米饲料喂养的奶牛体质良好,能够在保证奶牛健康的同时提高产奶量。有人做了一组以传统的玉米面、玉米秸秆进行配料饲喂与以青贮玉米喂养的方式进行对比的试验,分别喂养5只奶牛,期限为30天,并在整个喂养试验过程中添加的饲料配料完全一致。试验结果表明,饲养的前10天,发现两组奶牛在产奶量方面并无明显差别,但随着时间继续推进,使用玉米青贮饲料的5头奶牛产奶量逐渐增加,而使用玉米和玉米秸秆粉碎饲料的5头奶牛产奶量明显下降。继续进行喂养发现,使用青贮玉米的5头奶牛产奶量不再继续增加,另外一组5头奶牛产奶量也不再下降。经过30天的对比可以得出,使用青贮玉米饲料的5头奶牛日均产奶量为32.35千克,而使用玉米及玉米秸秆粉碎饲料的5头奶牛日均产奶量为31.4千克,产奶增加量为日均0.95千克。

二、青贮玉米生产的意义

1.青贮玉米生产可缓解粮食供求矛盾

随着畜牧业的发展,我国饲料用粮占粮食总产量的比重不断提高,

用量逐年增加。20世纪80年代初,养殖业全部饲料用粮0.72亿吨,占全国粮食总产量的20%~25%;2014年更是达到接近一半的比例。据测算,2010年,在饲料用粮消费中,玉米就达到1.23亿吨,占饲料用粮消费总量的60%。随着消费结构的调整,肉、蛋、奶市场需求的提升,饲料用粮在粮食中的占比不断增加,玉米占饲料用粮的比例也在不断增加,发展青贮玉米生产、壮大草食畜牧业,每年将会节省大量粮食,能有效缓解粮食供求矛盾,对保障粮食安全具有重大意义。

2. 青贮玉米生产可以调整种植业结构

与发达国家比较,我国的畜牧业在农业中的占比少,饲草行业发展水平较低,种植业生产效率较低。随着畜牧业在农业中的占比越来越高,市场对畜牧业产品的需求越来越多,种植业结构也在发生着变化。青贮玉米的种植不仅可以满足现代畜牧业的饲草需求,保障畜牧业产品的高效供应,也对传统玉米生产结构的调整与转化增值起到关键作用。

我国东北和华北地区是主要的玉米产区,其自然、气候条件非常适宜玉米栽培,但却面临着结构性、阶段性过剩的问题,发展青贮玉米可以在不改变农民种植习惯的前提下,充分利用玉米种植环境资源提高农业效益,实现农民增收。

实践证明,同等生产条件下,种植青贮玉米带来的经济效益明显增加。所以,在保证粮食作物和经济作物的前提下,充分利用有限的耕地面积,提高青贮玉米等饲草种植,实现粮、经、饲三元结构的有机结合,是种植业结构优化、调整的重要路径。

3. 青贮玉米生产可改善居民的膳食结构

随着经济的快速发展,城市化步伐的加快和居民生活水平的提高,城乡居民对高蛋白、高营养畜牧类产品的消费需求稳步增加。1985年,我国人均牛肉、羊肉消费数量,城镇居民为2.6千克,农村居民为0.65千克。2015年,城镇居民人均达到6.32千克,农村居民人均达到2.1千克,分别比1985年增长143.1%和223.1%。相关预算统计,随着人口与人均可支配收入的增加以及对畜牧产品需求量的增加,2021年以后人均奶制品需求量将达到45.9千克,肉制品在53.4千克以上,其中牛肉、羊肉消费将占肉类消费总量的16%。

青贮玉米是牛、羊等饲草畜禽的主要饲料,是发展畜牧业的基础保障,大力发展畜牧业产品、改善居民的膳食结构,青贮玉米生产起到重要作用。

4. 青贮玉米生产可以保护生态环境

一直以来,我国畜牧产品都主要来源于草原牧区,传统的饲养方式是草地放牧型畜牧业,存在着草原长期超载的问题,草原沙化严重,生态环境遭到破坏,导致草原畜牧发展停滞,无法满足人们日益增长的肉、蛋、奶的需求。因此,放牧畜牧业需要朝着舍饲畜牧业的方向发展,这样才是畜牧业可持续发展的道路。

种植产量高、品质好、饲料回报率高的青贮玉米是必然选择,通过种植青贮玉米为畜牧养殖提供充足的饲草、饲料,可以减少天然草地的压力,使草原植被得以休息,保护草地资源,实现退耕还林还草、粮草轮作、间作、套作等。实践证明,饲料作物和牧草在耕作、轮作体系中极具重要性,可达到改善生态环境的目的。

另外,青贮玉米的种植还可以解决秸秆焚烧引起的资源浪费、大气污染的问题,在促进畜牧业良性发展、保护生态环境中意义重大。

5. 青贮玉米生产可促进循环经济发展

发展青贮玉米从种植结构的优化、畜牧业优质饲料的供应,在从种植业到畜牧业的发展中,实现经济效益循环发展。循环经济要求运用生态学规律来指导人类社会经济活动,其目的是通过资源高效和循环利

用,实现污染的低排放,甚至零排放,保护环境,实现社会、经济与环境的可持续发展。

　　青贮玉米生产是以草食畜牧业发展的循环经济理念为指导,拓宽了人类利用自然资源的范围,把人类不能利用的牧草秸秆和农产品加工业的副产品等转化为人类可以利用的食品或工业原料,可以有效挖掘土地资源潜能,同时饲养的畜禽粪便又是可再生资源,以粪便来发展沼气,代替石化能源,符合我国人多地少、资源相对不足的国情,具有重要的现实意义,是实现农业可持续发展的必由之路。

第三章 青贮玉米品种

青贮玉米重点分为青贮专用型玉米、青贮兼用及青贮通用型玉米3种类型。目前,青贮专用玉米审定品种及推广品种较多,青贮兼用与青贮通用型玉米主要是根据玉米生产推广应用实际,为符合籽粒玉米与青饲玉米的同等要求的玉米品种。以下就主要的大田种植应用,并通过审定渠道审定的品种进行介绍。一般审定的青贮玉米品种要求植株较高,叶量较多,持绿性好,无明显倒伏,无明显大斑病、小斑病、黑粉病、丝黑穗病、锈病等病害症状。

第一节 青贮专用型玉米

一、雅玉青贮26

雅玉青贮26(国审玉2006056)是国家2006年审定的青贮玉米品种。

1. 品种来源

2002年以自选系YA3237为母本、YA8201为父本杂交育成。YA3237是以郑32×S37为基础材料,经多年连续自交选育而成。YA8201是以巴西杂交种AGROLERES1051为基础材料,经1次混粉重组、连续7代自交选育而成。

2. 特征特性

出苗至青贮收获期比对照品种晚5天左右,属青贮专用玉米品种。幼苗绿色,叶鞘浅紫色,叶缘绿色,花药紫色,颖壳浅紫色。株型平展,株高362厘米,穗位151厘米,成株叶片数为18片。花丝绿色,果穗筒形,穗长19~21厘米,穗行数为14~16行,穗轴白色。籽粒黄色、半马齿型,百粒重33克。平均倒伏(折)率为8.2%。人工接种抗病(虫)害鉴定,抗大斑病、丝黑穗病和矮花叶病,中抗小斑病、感纹枯病。经北京农学院测定,全株中性洗涤纤维含量平均为47.04%,酸性洗涤纤维含量平均为23.48%,粗蛋白含量平均为7.78%。

3. 产量表现

2004—2005年参加青贮玉米品种区域试验,平均公顷生物产量(干重)为19 843.5千克,比对照品种增产11.7%。

4. 栽培技术要点

每公顷保苗6万株左右。

5. 审定意见

北京、天津、山西北部、吉林中南部、辽宁东部、内蒙古呼和浩特、新疆北部春玉米区和安徽北部、陕西中部夏玉米区作专用青贮玉米品种种植,纹枯病重发区慎用。

二、雅玉青贮8号

雅玉青贮8号(国审玉2005034)是国家2005年审定的青贮玉米品种。

1. 品种来源

以自选系YA3237为母本、外引系交51为父本杂交组配而成。YA3237来源为郑32×S37,交51引自贵州省农业管理干部学院。

2. 特征特性

在南方地区出苗至青贮收获需88天左右,属青贮玉米品种。幼苗绿色,叶鞘紫色,花药浅紫色,颖壳浅紫色。株型平展,株高300厘米,穗位高135厘米,成株叶片数为20~21片。花丝绿色,果穗筒形,穗轴白色,籽粒黄色、硬粒型。人工接种抗病(虫)害鉴定,高抗矮花叶病,抗大斑病、小斑病和丝黑穗病,中抗纹枯病。经北京农学院测定,全株中性洗涤纤维含量为45.07%,酸性洗涤纤维含量为22.54%,粗蛋白含量为8.79%。

3. 产量表现

2002—2003年参加青贮玉米品种区域试验,2002年平均公顷生物产量(鲜重)为69 288.2千克,比对照品种增产18.5%。2003年平均公顷生物产量(干重)为2 048.3千克,比对照品种增产9%。

4. 栽培技术要点

每公顷保苗6万株,注意适时收获。

5. 审定意见

北京、天津、山西北部、吉林、上海、福建中北部、广东中部春播区和山东泰安、安徽、陕西关中、江苏北部夏播区作专用青贮玉米种植。

三 郑青贮1号

郑青贮1号(国审玉2006055)是河南省农业科学院粮食作物研究所选育的青贮玉米品种。

1. 品种来源

母本郑饲01,来源于(P138×P136)×豫8701;父本五黄桂,来源于(5003×黄早4)×桂综2号。

2. 特征特性

出苗至青贮收获期比农大108晚4.5天左右。幼苗叶鞘紫红色,叶片

绿色,叶缘绿色,花药浅紫红色,颖壳绿色。株型半紧凑,株高267厘米,穗位高118厘米,成株叶片数为19片。花丝粉红色,果穗筒形,穗长18.5厘米,穗行数为16行,穗轴红色,籽粒黄色、半马齿型。区域试验中平均倒伏(折)率为8.4%。

经中国农业科学院作物科学研究所两年接种鉴定,抗大斑病和小斑病,中抗丝黑穗病、矮花叶病和纹枯病。经北京农学院测定,全株中性洗涤纤维含量平均为44.82%,酸性洗涤纤维含量平均为22.00%,粗蛋白含量平均为7.65%。

3. 产量表现

2004—2005年参加青贮玉米品种区域试验,44点增产,12点减产,两年区域试验平均亩生物产量(干重)为1 284.4千克,比对照农大108增产9.6%。

4. 栽培技术要点

每亩适宜密度4 000~4 500株。

5. 审定意见

该品种符合国家玉米品种审定标准,通过审定。适宜在山西北部、新疆北部春玉米区和河南中部、安徽北部、江苏中北部夏玉米区作专用青贮玉米品种种植,注意防止倒伏。

(四) 东陵白

东陵白,来源于河北省及天津市,因原产于清东陵地区而得名,又名白马牙。东陵白属农家品种,是常规种子。

1. 特征特性

株型松散,株高355.2厘米,穗位167.6厘米,穗长25厘米左右,单株叶重0.22千克,茎穗重1.22千克,单株重1.44千克。叶片较宽,叶色较绿。

2002年内蒙古农牧渔业生物实验研究中心检验结果（干样）：水分70.95%，粗蛋白6.53%，粗脂肪3.26%，粗纤维22.48%，总糖16.52%。

田间未见大小斑、黑粉、茎腐、青枯等玉米常见病害。

2. 产量表现

2002年在呼和浩特市安排3个点试验，平均株高342.5厘米，生物产量为6 395.2千克/亩。2003年参加内蒙古自治区饲用作物区试验，3个试点平均生物产量为5 405.3千克/亩。在呼和浩特市和林格尔县试验，生物产量为5 356.2千克/亩。2003年在呼和浩特市农业科技示范园区累计种植面积23.3万亩，平均生物产量为4 966.9千克/亩。东陵白植株高大，田间生长较为整齐，保绿性中等，抗病虫、抗倒伏性一般。

3. 栽培技术要点

适时播种，耕作层地温稳定在12℃适时播种，播种深度为5厘米，播种过早、种得过深，地温太低，出苗缓慢，易感染丝黑穗等病害。种植密度为5 000～5 500株/亩，最高不超过7 500株/亩。增施有机肥，配施氮、磷、钾肥。重施大喇叭口肥及适时浇水。

4. 适宜种植区域

适宜≥10℃有效积温在2 800℃以上的区域种植，整株青贮。

（五）雅玉青贮04889

雅玉青贮04889（国审玉2008019）是2008年8月7日第二届国家农作物品种审定委员会第二次会议审定通过的玉米品种。

1. 品种来源

以YA0474为母本、YA8201为父本杂交选育而成。母本YA0474来源于YA3237-4×7854；父本YA8201来源于国外引进品种。

2. 特征特性

南方地区出苗至青贮收获期需98天。幼苗叶鞘紫色,叶片深绿色,叶缘绿色,花药紫色,颖壳浅紫色。株型半紧凑,株高281厘米,成株叶片数为18片。经中国农业科学院作物科学研究所两年接种鉴定,高抗矮花叶病,抗大斑病、丝黑穗病和纹枯病,中抗小斑病。经北京农学院植物科学技术系两年品质测定,中性洗涤纤维含量为48.87%~51.75%,酸性洗涤纤维含量为22.31%~23.55%,粗蛋白含量为9.11%~9.88%。

3. 产量表现

2006—2007年参加青贮玉米品种区域试验,在南方区两年每亩生物产量(干重)为1 005.7千克,比对照品种增产13.7%。

4. 栽培技术要点

中等肥力以上地块栽培,适宜密度4 000株/亩左右。

5. 审定意见

该品种符合国家玉米品种审定标准,通过审定。适宜在四川、上海、浙江、福建、广东作专用青贮玉米品种种植。

六 大京九26

大京九26(国审玉20170049)是国家2017年审定的青贮玉米品种。2016年在内蒙古自治区审定。

1. 品种来源

以9889为母本、2193为父本杂交选育而成。母本是以黄改群体为基础材料,由黄早四、铁7922、9444、京7黄和昌7-2混合授粉,经9代连续自交选育而成;父本选自美国杂交种78599优良单株,经连续10代自交选育而成。

2. 特征特性

东北、华北、西北春玉米区出苗至收获需123天，比对照雅玉青贮26早2天。幼苗叶鞘浅紫色，叶片深绿色，叶缘紫色，花药浅紫色，颖壳绿色。株型半紧凑，株高341厘米，穗位高160.5厘米，成株叶片数20片。花丝浅紫色，果穗长筒形，穗长22厘米，穗行数为16~18行，穗轴白色，籽粒黄色、马齿型，百粒重36克。接种鉴定，抗小斑病，中抗弯孢叶斑病，易感染大斑病、纹枯病和丝黑穗病。中性洗涤纤维含量为40.81%~42.77%，酸性洗涤纤维含量为17.09%~18.73%，粗蛋白含量为7.43%~8.14%，淀粉含量为27.43%~31.32%。

3. 产量表现

2014—2015年参加国家青贮玉米北方组品种区域试验，两年生物产量（干重）平均亩产1 751.8千克，比对照雅玉青贮增产4.6%；2016年生产试验，生物产量（干重）平均亩产1 923千克，比对照雅玉青贮26增产9.3%。

4. 栽培技术要点

中等肥力以上地块栽培，4月下旬至5月上旬播种，种植密度为5 000株/亩。

5. 审定意见

该品种符合国家玉米品种审定标准，通过审定。适宜在黑龙江、吉林、辽宁、北京、河北、天津、山西、内蒙古春玉米类型区和新疆、陕西、甘肃、宁夏西北春玉米类型区作专用青贮玉米种植。注意预防倒伏，并预防大斑病、纹枯病和丝黑穗病。

（七）京科青贮516

京科青贮516（国审玉2007029）是2007年11月14日经第二届国家

农作物品种审定委员会第一次会议审定通过青贮玉米品种。

1. 品种来源

母本 MC0303，来源于（9042×京89）×9046；父本 MC30，来源于 1145×1141 选育而成的玉米品种。

2. 特征特性

在东北、华北地区出苗至青贮收获期需115天，比对照农大108晚4天，需有效积温2 900℃左右。幼苗叶鞘紫色，叶片深绿色，叶缘紫色，花药黄色，颖壳紫色。株型半紧凑，株高310厘米，成株叶片数为19片。

经中国农业科学院作物科学研究所两年接种鉴定，抗矮花叶病，中抗小斑病、丝黑穗病和纹枯病，易感染大斑病。经北京农学院植物科学技术系两年品质测定，中性洗涤纤维含量为47.58%~49.03%，酸性洗涤纤维含量为20.36%~21.76%，粗蛋白含量为8.08%~10.03%。

3. 产量表现

2005—2006年参加青贮玉米品种区域试验（东华北组），两年平均亩生物产量（干重）1 247.5千克，比对照农大108增产11.5%。

4. 栽培技术要点

在中等肥力以上地块栽培，每亩适宜密度4 000株左右。

5. 审定意见

该品种符合国家玉米品种审定标准，通过审定。适宜在北京、天津、河北北部、辽宁东部、吉林中南部、黑龙江第一积温带、内蒙古呼和浩特、山西北部春播区作专用青贮玉米品种种植。

（八）北农青贮208

北农青贮208（京审玉2007012号）是2007年审定的适宜北京周边种植的青贮玉米品种。

1. 品种来源

母本2193选自美国杂交种78599；父本7922为外引系，选自美国杂交种3382，由辽宁省铁岭市农科院育成。

2. 特征特性

北京地区春播播种至最佳收获期需118天左右，比对照品种晚3天。株型半紧凑，株高324厘米，穗位高163厘米，茎秆柔韧，叶片较宽，叶色浓绿，持绿性好，收获期单株绿叶数为13.1片，收获期单株枯叶数为2.9片。穗长19～22厘米，穗行数为14～16行。籽粒黄色，半硬粒型，千粒重348克。接种鉴定，可抗玉米大斑病、小斑病、弯孢菌叶斑病、矮花叶病，易感染茎腐病、丝黑穗病。地上部中性洗涤纤维含量为44.43%，酸性洗涤纤维含量为17.18%，粗蛋白含量为9.63%。

3. 产量表现

区试生物产量平均亩产1 339.5千克，比对照农大108增产18.2%。

4. 栽培技术要点

北京地区最适播期为4月下旬到5月上旬，最适种植密度为4 000～4 500株/亩，高肥力地块可适当增加密度，最高不超过5 500株/亩。套种或直播均可，施好基肥、种肥，重施穗肥，酌施粒肥，及时防治病虫害，适时收获。前期蹲苗，可有效防止倒伏。

九 豫青贮23

豫青贮23（国审玉2008022）是2008年8月7日第二届国家农作物品种审定委员会第二次会议审定通过的青贮玉米品种。2007年内蒙古自治区农作物品种审定委员会办公室认定。

1. 品种来源

以自选系9383为母本、115为父本杂交组配而成。9383来源于丹

340×U8112，115来源于78599，原代号大京九23选育而成的玉米品种。

2.特征特性

在东北、华北地区出苗至青贮收获需117天，属青贮玉米品种。幼苗浓绿色，叶鞘紫色，叶缘紫色，花药黄色，颖壳紫色。株型半紧凑，株高330厘米，成株叶片数为18～19片。人工接种抗病(虫)害鉴定，高抗矮花叶病，中抗大斑病和纹枯病，易感染丝黑穗病、小斑病。经北京农学院测定，全株中性洗涤纤维含量为46.72%～48.08%，酸性洗涤纤维含量为19.63%～22.37%，粗蛋白含量为9.30%。

3.产量表现

2006—2007年参加青贮玉米品种区域试验，在东华北区平均公顷生物产量(干重)21 015千克，比对照品种增产9.4%。

4.栽培技术要点

选中等肥力以上地块种植，公顷保苗6.75万株左右。注意及时防治丝黑穗病和防止倒伏。

5.审定意见

该品种符合国家玉米品种审定标准，通过审定。适宜在北京、天津武清、河北北部(张家口除外)、辽宁东部、吉林中南部和黑龙江第一积温带春播区作专用青贮玉米品种种植。

十、中北青贮410

中北青贮410(国审玉2004025)是2004年国家审定的青贮玉米品种。2003年山西省农作物品种审定委员会审定。

1.品种来源

母本为SN915，从美国杂交种78599中选育；父本为YH-1，来源为CIMMYT的墨黄9热带血缘种群选育。

2. 特征特性

在东北、华北春玉米地区出苗至青贮收获需111天,比对照农大108晚3~5天。幼苗叶鞘紫色,叶片绿色,叶缘青色。株型半紧凑,株高309厘米,穗位143厘米,成株叶片数为17~19片。花药紫色,颖壳紫色,花丝红色,果穗筒形,穗长21.2厘米,穗行数为14~16行,穗轴白色,籽粒黄色,粒型为硬粒型。

经中国农科院品资所接种鉴定,抗大斑病、小斑病和丝黑穗病,中抗纹枯病,易感染矮花叶病。经北京农学院测定,全株中性洗涤纤维含量为42.74%,酸性洗涤纤维含量为20.93%,粗蛋白含量为8.32%。

3. 产量表现

2002—2003年参加青贮玉米品种区域试验。2002年14点增产,3点减产,平均亩生物产量鲜重4 370.89千克,比对照农大108增产12.1%;2003年16点增产,3点减产,平均亩生物产量干重1 349.03千克,比对照农大108增产9.16%。

4. 栽培技术要点

在东北、华北春玉米区中等以上肥力土壤里栽培,适宜密度为4 500~5 500株/亩,注意北纬40°以上地区应覆盖地膜,注意防治丝黑穗病、矮花叶病。

5. 审定意见

经审核,该品种符合国家玉米品种审定标准,通过审定。适宜在北京、天津、河北北部、山西北部春玉米区及河北中南部夏播玉米区、福建中北部作专用青贮玉米种植;矮花叶病高发病区慎用。

第二节 粮饲兼用及通用型玉米

一 中原单32号

粮饲兼用玉米中原单32号是由中国农业科学院原子能利用研究所于1991年经杂交选育而成的。在1997年、1998年分别通过国家农作物品种牧草品种审定。

1. 农艺性状

株型半紧凑,株高240~270厘米,作青贮玉米种植密度大时的株高在300~320厘米,穗位80~110厘米,叶色浓绿,在北方总叶片数为21~22片,在南方总叶片数为17~18片。果穗锥形,不秃尖,穗长18~22厘米,穗行为14~16行,红轴;籽粒橘黄,硬质型,千粒重300~380克;茎秆韧性强,根系发达,综合抗性强,高抗矮花叶病、粗缩病,抗大小斑、青枯、穗腐、粒腐、丝黑穗病。耐旱、耐阴雨、耐高温、耐冷害,光合效率高,绿叶活秆成熟,可直接青饲、青贮,也可在收购籽粒后,秸秆青饲、青贮。中原单32号生育期属中早熟品种,春播110天,夏播80~90天(在广西春播100天,夏播80天,秋播50天,可一年四季种植),在宁夏春播比掖单13号早熟25~30天。全生育期≥10℃的积温为2 200~2 400℃。

2. 特征特性

籽粒和秸秆营养丰富,经农业部谷物品质监督检验测试中心检测,籽粒含蛋白质12.77%,比商品玉米高4.7~4.8个百分点,比美国商品玉米高4.7个百分点;含脂肪4.28%,赖氨酸0.28%~0.38%,淀粉68.12%,支链淀粉47.68%,含硒量达0.03毫克/千克。

收获后,秸秆含粗蛋白7.80%~10.54%,平均9.20%,比普通玉米秸秆含蛋白质(3.05.9%)高3.3~6.2个百分点,比普通玉米增加蛋白质53~73千克/亩,秸秆含脂肪1.49%,含纤维22.3%~31.9%,含总糖10.5%,适合青贮、氨化和微生物发酵处理。

吃青苞(甜、香、糯)口感好,比一般玉米好吃。用该品种作饲料喂蛋鸡,产蛋率可增加15%~20%;喂肉鸡,可提前4~5天出栏;喂奶牛,每头每天可增鲜奶3~5千克、乳脂率由3%提高到3.7%,肉牛、羊、鹿、鸵鸟、猪等,产奶、增重比喂普通玉米多,并且奶、肉质量好。

据一些养殖单位、养殖户试验证明,种植户种中原单32号玉米,连穗带秆青贮,比收籽粒的玉米每亩增收300多元,养殖户每头奶牛年增值2 000元左右。因此,中原单32号是一个高效优质粮饲兼用玉米新品种。

3. 产量表现

高产、稳产,在中上等水肥条件下亩产量为500千克以上(夏播)、秸秆4~6吨。新疆巴州农科所粮作室在库尔勒地区夏播籽粒收获592.6千克/亩,比八农701、和单1号分别增产30%和33%。宁夏农业综合开发项目办在中上等肥水条件下春播产粮600~900千克/亩,最高达到933.4千克/亩,秸秆5~7吨/亩,比掖单13号和酒单平均增产蛋白质72千克/亩以上。河北青龙县连续种植两年,每亩籽粒平均产量为548.8~603.5千克,秸秆平均产量为5吨。

4. 栽培技术要点

地温在10~12℃能安全出苗,合理运筹水肥,施足底肥,因中原单32号是高蛋白玉米品种,底肥应多施农家肥或氮肥,重拔节肥,轻施孕穗肥(大喇叭口期),注意氮、磷、钾三要素配合,实现高产、高效。一般种植密度,粮用春播3 500株/亩左右,夏播3 500~4 000株/亩,南方可种植4 500株/亩左右,如果仅作青饲、青贮种植可在此基础上增大密度。

5.适宜种植区域

光周期不敏感,适应性广,可春播、夏播和秋播。适宜黄淮海地区夏播;华中、华南、西南、春、夏、秋播种;西北、东北春播,其中,新疆部分地区夏播;黑龙江省哈尔滨市以北不能成熟,只能作青饲;广东、广西、海南岛一年四季均可种植。

(二) 高油115

高油115玉米杂交种是由中国农业大学植物遗传育种系于1990年选育而成。1996年、1997年分别通过北京市和天津市农作物品种审定委员会审定。玉米籽粒替代饲料配方中的普通玉米,秸秆是一种难得的优质青贮饲料。

1.特征特性

高油115属中晚熟类型,北京春播生育期在120天左右。在正常情况下,植株高度为285厘米,穗位150厘米。该品种穗长筒形、深黄色、半马齿型籽粒,胚大,千粒重310克。该品种的主要表现在于含油量高达8.8%,达到普通玉米的2倍。蛋白质含量达11.3%,赖氨酸含量为0.33%,也都比普通玉米高10%~30%。其中,维生素A、维生素E也都高于普通玉米。采收后的秸秆粗蛋白含量达8.5%,比普通玉米秸秆高30%,甚至超过美国带穗收获的整株青饲玉米。

2.产量表现

经多年大面积栽培试验表明,在高温干旱、低温阴雨和长期淹水的气候条件下,在主要玉米病害发生的年份、在虫害大发生的地区以及在盐碱含量较高的土壤中,高油115都能获得高产、稳产,亩产稳定在450~650千克,比常规玉米增产5%~50%。高亩产可达800千克。

3. 适宜种植区域

该品种可在北方玉米播种区、黑龙江南部、吉林、辽宁、河北、甘肃、北京、天津等地区种植获得高产,也适应石家庄以南、黄河流域的夏播种植,在两广、云贵等南方省区也生长良好。

三、农大108

农大108是中国农业大学许启凤教授历经18年时间、20个世代成功选育的优质、高产玉米新品种。该品种1994年至1996年通过全国区试,1997年申请了国家专利,1998年、1999年分别通过北京、天津、河北、山西及全国品种审定委员会审定,并被农业部定为"九五"期间10个重点推广品种的首选品种。

1. 特征特性

该品种春播生育期在120天左右,北京以南可套播或夏播。株高260厘米,穗位110厘米,叶片宽直,色浓。穗位以下叶片平展,穗位以上叶片上冲,属半紧凑型。该品种根系发达,共8层78.3条(掖单13号为43.9条),因而表现抗倒伏、抗旱、耐瘠薄。抗大(小)斑病、黑粉病和青枯病,超抗锈病(2013年浚县试验点锈病较重)。出籽率为85%,粒型为半马齿型,质地半坚硬,品质好。本品种适合种植密度为每亩3 000~3 500株。

经检测,农大108籽粒蛋白质含量达9.43%,粗淀粉为72.2%,赖氨酸为0.36%,粗脂肪为4.25%。该品种成熟时仍然青枝绿叶,新鲜秸秆各项营养成分含量也高于对照品种,可粮饲兼用,并能保护生态环境,实现了育种的"双优"目标。

2. 产量表现

参加国家西南玉米组区试验1997年折合亩产538.8千克,比对照掖单13号增产3.8%;1998年折合亩产513.3千克,比对照掖单13号增产

9.09%;2000年参加黄淮海夏玉米组生产试验,折合亩产510.35千克。在遵化市多年推广种植,大田生产一般亩产可达600千克,高产可达750千克。

示范推广表明农大108具有高产、稳产、株型紧凑、根系发达、叶绿素含量高、抗逆性强、适应性广、品质好、营养价值高、制种容易等特性。平均亩产550~625千克,比对照品种增产28.4%。该品种吸水、吸肥能力强,耐瘠薄,抗旱,抗倒伏,成熟期不早衰,在全国各地均能种植,且稳产性好。

3.栽培技术要点

该品种根系发达,喜肥水,增产潜力大,但植株繁茂,穗位较高,前期宜适当控制肥水,以促根稳茎,缩短下部节间,并注意施钾肥。大喇叭口期可重施肥,后期应注意田间排水,防止雨涝,以减轻纹枯病和青枯病发生。种植密度在一般水肥条件下,春播为(4.5万~5.25万)株/公顷,套种和夏播为(5.25万~6万)株/公顷,肥水条件好时可适当增加密度。

4.适宜种植区域

目前,农大108已推广到全国24个省市自治区,到1999年,在北京、天津、河南、山东、云南等12个省市已推广种植1 545万亩,2000年推广面积达2 300万亩,2001年推广面积3 800万亩,2002年推广面积达4 000万亩。

(四) 屯玉青贮50

屯玉青贮50是国家2005年审定的青贮玉米品种,适于辽宁东部、吉林中南部、天津、河北北部、山西北部春播区和陕西关中夏播区作青贮玉米品种种植,纹枯病重发区慎用。

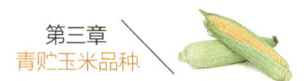

1. 特征特性

在晋东南地区出苗至成熟需127～133天,需≥10℃活动积温在3 000℃左右,属青贮玉米品种。幼苗绿色,叶鞘紫色,叶缘紫红色,花药黄色,颖壳浅红色。株型半紧凑,株高280厘米,穗位高118厘米,成株叶片数为20片。花丝紫红色,果穗筒形,穗轴红色。籽粒黄色,半马齿型。平均倒伏(折)率为7.4%。人工接种抗病(虫)害鉴定,抗小斑病和丝黑穗病,中抗大斑病,易感染纹枯病。经北京农学院两年测定,全株中性洗涤纤维含量为38.29%～42.62%,酸性洗涤纤维含量为19.85%～20.52%,粗蛋白含量为8.58%～8.66%。

2. 产量表现

2003—2004年参加国家青贮玉米品种区域试验,平均公顷生物产量(干重)为18 873千克,比对照品种增产4.5%。

3. 栽培技术要点

每公顷保苗5.25万株左右,适时收获。

4. 适宜种植区域

辽宁东部、吉林中南部、天津、河北北部、山西北部春播区和陕西关中夏播区作青贮玉米品种种植,纹枯病重发区慎用。

五 铁研53

铁研53是2010年通过辽宁省审定的粮饲兼用型玉米,2013年被西藏自治区审(认)定。该品种的植株生命力强,枝大叶茂,牛、羊喜食,具有生物产量高、营养丰富、适应性广等特征。

1. 特征特性

幼苗叶鞘紫色,叶片绿色,叶缘白色。株型紧凑,株高322厘米,穗位154厘米,成株叶片数为21～24片。花丝绿色,花药绿色,颖壳绿色。果穗锥形,穗柄中,苞叶中,穗长19.5厘米,穗行数为16~18行,穗轴白色,籽粒黄色,粒型为马齿型,百粒重42.7克,出籽率为78.1%。经农业部农产品质量检验测试中心(沈阳)测定,籽粒容重748.6克/升,粗蛋白含量为10.00%,粗脂肪含量为4.40%,粗淀粉含量为73.90%,赖氨酸含量为0.28%。田间表现植株生长繁茂,稳产性突出,抗倒伏。

2. 产量表现

2011—2013年在拉萨市引种试验点平均每亩青贮饲料(含果穗)产量为15 793.3千克。粮食产量一般亩产750~800千克。

3. 栽培技术要点

在中等以上肥力地块种植,每亩种植密度为5 000株。适宜播期为5月10日至5月30日。播种前应对种子进行杀菌处理,防止种传病害;播种避开晚霜。种植方式采用平播、间套种或大、小垄双行种植方式。每亩施优质农肥2 000~3 000千克作基肥,施复合肥20~25千克,锌肥1~1.5千克,6月下旬玉米大喇叭口期,每亩追尿素25~30千克,或播前一次施玉米专用肥50千克左右。在中等以上肥力地块种植,粮食型种植密度为3 500株/亩。适宜播期为4月20日至5月1日。采用种子包衣防治地下害虫,用杀螟灵一号等颗粒剂灌心或放赤眼蜂来防治玉米螟。最佳收获期为玉米籽粒蜡熟前期。

4. 适宜种植区域

适宜于辽宁、吉林、山西、内蒙古赤峰和通辽、黑龙江第一积温带春播地区,黄淮海夏播地区及西南地区种植。西藏自治区内在海拔3 900米以下地区种植。

(六) 庐玉9105

庐玉9105是安徽华安种业有限责任公司用HA0213×皖自8108选

育的中熟夏播杂交玉米品种,审定编号为皖玉2016011。具有生物产量高、持绿性好等特点,可作为粮饲通用型玉米应用推广。

1. 特征特性

第一叶尖端形状圆到匙状,幼苗叶鞘淡紫色,株型半紧凑,总叶片数为20片,上位叶中等,叶色淡绿;雄穗分枝中等,花药橘黄色,花丝淡紫色,果穗筒形,籽粒黄色、半马齿型,穗轴白色。2012年、2013年高密度组区域试验结果:平均株高240.5厘米、穗位92厘米、穗长15.6厘米、穗粗4.9厘米、秃顶0.4厘米、穗行数为15.5行、行粒数为30.7粒、出籽率为89.1%、千粒重352克。抗高温热害1级(相对空秆率平均0.8%)。全生育期在102天左右,与对照品种郑单958相当。

2. 产量表现

在一般栽培条件下,2012年区域试验亩产635.8千克,较对照品种增产4.66%(极显著);2013年区域试验亩产575.2千克,较对照品种增产11.71%(极显著);2014年生产试验亩产610.10千克,较对照品种增产7.28%。

3. 栽培技术要点

密度一般每亩4 500株,重施基肥,注重大喇叭口期追肥和防治玉米螟,后期注意防旱排涝及病虫害的综合防治,确保充分成熟后收获。

4. 适宜种植区域

淮河以北地区。

(七) 全玉1233

全玉1233是安徽荃银高科种业股份有限公司用533(来源于先玉335母本/4153二环系)×512(来源于美系杂交种的二环系)选育的中熟夏播杂交玉米品种,审定编号为皖玉2016001。具有生物产量高、持绿性

好等特点,可作为粮饲通用型玉米应用推广。

1. 特征特性

苗期长势一般,茎秆粗壮,株型半紧凑,叶片较宽,植株高大,果穗长且粗,籽粒较大,马齿型,穗轴红色。2012年、2013年低密度组区域试验结果:平均株高266.3厘米、穗位102.9厘米、穗长17.3厘米、穗粗5厘米、秃顶0.9厘米、穗行数16.7行、行粒数31.6粒、出籽率87%、千粒重359克。抗高温热害1级(相对空秆率平均-1.4%)。全生育期在102天左右,与对照品种弘大8号相当。

2. 产量表现

在一般栽培条件下,2012年区域试验亩产633.8千克,较对照品种增产10.82%(极显著);2013年区域试验亩产537.5千克,较对照品种增产14.66%(极显著);2014年生产试验亩产570.02千克,较对照品种增产8.22%。

3. 栽培技术要点

夏直播,适宜密度为3 500~4 000株/亩,授粉后注意追肥。

4. 适宜种植区域

适宜在安徽省全省种植。

第四章 青贮玉米高效种植与管理

第一节 品种选择

只有优良的品种加上科学、合理的种植技术,才能实现青贮玉米高产、优质的种植目的。所以,青贮玉米品种的选择种植非常重要。

一 根据青贮玉米高产需求指标选择品种

1. 选择适宜生育期的品种

因青贮玉米和普通玉米相比收获期不同,所以,在选择品种时,要考虑到该品种生育期的长短。建议在选择青贮玉米品种时可以选择生育期较长的品种,可比普通玉米晚熟1周左右,这可以保证叶片持绿性、产量和品质,也需尽量避免光热资源和成熟度不足等情况的发生。

2. 选择持绿性好的品种

青贮玉米种植的目的是为了获得青绿的植株,并且持绿性越强越好。这点与普通玉米相比正好相反。普通玉米是等叶片黄了以后再收获,而青贮玉米若是等叶片发黄后再收获则品质下降且产量也降低。因此,持绿性强的品种是青贮玉米品种选择的重要依据。

3.选择脱水性慢的品种

不同品种的玉米都具有脱水性,并且速度有快也有慢。一般籽粒玉米,尤其是适合机械收获的玉米品种均要求脱水快。而青贮玉米在脱水性上要求越慢越好,这样收获期会有所延长,产量也会有所增加。如果所选择的青贮玉米品种的脱水速度过快,则需要提前收获,产量得不到保障,最终影响青贮玉米饲料的生产加工量。

4.选择有一定综合抗性的品种

青贮玉米在生长发育的过程中易受多种病虫害的危害,而影响产量和质量;另外,也易在生长过程中发生倒伏,严重影响产量。因此,在选择品种时尽量选择综合抗性较好的品种,主要包括抗病性、抗虫性、抗逆性,最终保证青贮玉米的种植品质与产量。

二、根据种植区域自然条件选择品种

1.根据本地区积温条件选择合适的青贮玉米品种

青贮玉米品种有早、中、晚熟3个熟期,通常熟期越早则产量越低,熟期越晚则产量越高。因此,选择的青贮玉米品种要和当地积温条件相适应,年有效积温在2 400℃以下的地区可选择早熟品种,年有效积温在2 600~2 700℃地区可选择中熟品种,年有效积温在2 800℃以上的地区可选择晚熟品种。

2.根据本地区的土壤条件选择合适的青贮玉米品种

青贮玉米属于典型的高产作物,要选择土壤条件好、不缺水、不缺肥的田块栽培,栽培过程中肥料的投入量相对普通杂交玉米要高10%~15%。土壤条件差的盐碱地栽培青贮玉米,会导致玉米不能正常生长发育,生长量小、产量较低、品质较差。根据栽培田块的肥力条件有的放矢地筛选适宜青贮品种进行种植。

第二节 播种技术

一 播前准备

1. 种子选择与处理

选择优质青贮玉米种子时,需注意查看种子的4项指标(纯度、发芽率、净度、水分)是否符合国家标准,一般国家大田用种的种子标准是纯度≥96%、发芽率≥85%、净度≥99%、水分≤13%,并注意优先选择发芽率高的种子;单粒点播时,要求发芽率更高。

在播种前需要对种子进行处理,以提高种子的发芽出苗率。首先进行晒种的处理,选择天气晴朗、阳光充足的时候,将种子摊晒2～3天,其间要进行翻晒。通过晒种,青贮玉米可提前出苗1～2天,出苗率提高13%～28%。在播种前10～15天做发芽率的测试工作,以确定最佳的播种量,从而提高种子的出苗率。为了预防玉米病害虫的发生,种子在播种前需要进行包衣处理,一般选择使用20%呋喃种衣剂或35%的多克福种衣剂进行包衣,比例为药种比1:50。为了防止污染、避免药物残留,种子包衣最好采用生物拌种。

2. 田块选择与平整

鉴于青贮玉米在生长过程中对土壤养分消耗较大,故需选用地势平坦、土层深厚、土壤肥沃、保水及保肥能力强、无盐碱的田块进行种植,且以小麦、大麦、油菜等茬口为宜。同时,为保证青贮玉米高产,在选择好地块后要进行精细整地,力求田块达到"齐、平、松、碎、净、墒"。整地要做到深耕、松软,透气性好,一般耕层要在20厘米左右,耕后要将地整弄

平整,然后及时镇压、起垄。

青贮玉米植株高大,对肥的需求量较多。因此,在播种前,整地时要施足基肥,基肥要以施加有机肥为主,有机肥应为充分腐熟的农家肥,施加量要根据地力来确定;同时结合施入少量的化肥,一般农肥为每亩2~3吨,化肥以每亩纯氮8~12千克、纯磷3~3.5千克,基肥的施入随着深耕进行。

二 播种技术

1. 播期安排

春播玉米适宜播期一般为4月下旬至5月上旬,过早易造成低温烂种、出苗不齐,播种过晚则导致后期籽粒不能正常成熟。要求气温稳定在10℃以上,墒情适宜进行播种。在此期间播种,可有效避开灰飞虱传播病毒,防止粗缩病的发生。夏播玉米一般于5月下旬至6月中上旬播种。最好在6月10日前完成,最迟不应晚于6月15日。在夏播玉米地区范围内,由北向南种植的玉米品种生育期为85~120天,以不影响下茬作物的正常播期和玉米正常成熟为标准。

2. 合理密植

(1)根据品种特性确定。株型紧凑和抗倒伏品种密植,株型平展和抗倒伏性差的品种稀播;生育期长的品种宜稀,生育期短的品种宜密;大穗型品种宜稀,小穗型品种宜密;高秆品种宜稀,矮秆品种宜密。

(2)根据土壤肥力确定。土壤肥力较低、施肥量较少时,按照品种适宜密度范围的下限值进行种植;土壤肥力高、施肥量多的高产田,取其适宜密度范围的上限值;中等肥力的选用中等密度进行种植。

(3)根据水分条件确定。无灌溉条件、水分条件不好的宜稀播;若灌溉条件好、水分条件适宜的宜密植。

(4)机械作业适当增加播量。为避免机械损伤造成伤苗,影响种植密度,可在适宜密度基础上增加5%～10%的播量。

3. 精细播种

(1)播种量。具体播种量要根据品种、种植密度和播种方法等确定,一般青贮玉米的每亩目标产量为6 000千克,每亩种植不能少于5 500株,按照"播种量×90%=种植苗数"来计算播种量。

(2)种子准备。为简化种子处理程序,预防苗期受虫、鼠、雀危害和种传病害,最好选购药剂包衣的良种进行种植。同时,为杀死病原菌、提高种子的发芽势和发芽率,力争一播全苗、齐苗,在播种前1～2天还需进行晒种,且晒种时要注意翻动,使种子晾晒均匀,并剔除破籽、瘪籽、小籽。

(3)播种。适期播种,严格提高播种质量,达到一播全苗。青贮玉米在播种过程中要对种植区域的气候情况以及种植品种基本特性进行分析。玉米的发芽、出苗需要一定的地温,一般最低的发芽温度在8～10℃,适时的播种可以提高发芽出苗率。一般青贮玉米最佳的播种条件为5～10厘米的土层稳定保持在12℃以上,田间的持水量保持在69%以上时播种最佳。

一般青贮玉米的播种深度以5～6厘米最为适宜,种植株距保持在15～20厘米,行距为60～70厘米。行距应便于玉米收割机的收割,与收割机的收割宽幅配套。播种方法常用穴播(点播)、精量播种、免耕播种。穴播是将种子按规定的行距、株距、播深定点拨入穴中,每穴播2～3粒,可保证苗株在田间分布均匀,提高出苗能力。一般通过缩小穴距来增加种植密度。出苗后通过间苗、定苗等田间作业落实种植密度。精量播种是将种子按精确的播深、间距定点、定量播入土中。单粒精量点播为一穴一粒,播种密度就是计划种植密度,对种子质量要求高,一般发芽

率应高于92%。免耕播种是在前茬作物收获后,不耕翻土地,用免耕播种机直接在地上播种。

三 播种施肥

玉米是需肥较多的高产作物,特别是青贮玉米,植株大,茎叶繁茂,在生长发育过程中,需要吸收大量营养元素,其中氮、磷、钾三元素需要量最多,其次是钙、镁、硫、硼、锌、锰等元素,播种前施足基肥、施好种肥十分重要。

1. 深施基肥

基肥是播种前施用的肥料,也称底肥,通常应该以优质有机肥料为主、化肥为辅。其重要作用是培肥地力、疏松土壤、缓慢释放养分,供给玉米苗期和后期生长发育的需要。基肥以有机复合肥和化肥为主。一般结合秋耕将所有有机肥、氮肥总量的40%～50%、磷肥总量的70%～80%全层深施。

2. 用好种肥

种肥供种子萌发和幼苗生长所需,以速效性化肥为主。由于化肥,特别是氮素化肥会引起烂种,因此要与种子分开施入,深度8～10厘米。种肥数量:氮肥总量的10%左右及施基肥后剩余的全部磷肥,再加施部分有机肥。

四 化学除草

在玉米播种后出苗前、土壤较湿润时,趁墒情对玉米田块进行"封闭"除草。选择除草剂时需仔细阅读除草剂的使用说明,保证除草效果,不影响玉米及下一茬作物生长。做到不重喷、不漏喷,以土壤表面湿润为原则,形成药膜达到封闭地面的作用。若施药后遇下雨,雨后需要补

喷,严格按照使用说明操作。

第三节 田间管理

一 苗期田间管理

1. 查苗和补苗

为了保证青贮玉米出苗整齐,在出苗前要及时检查种子发芽的情况。如果发现有粉种、烂芽的情况发生,要提前准备好预备苗,以避免缺苗现象的发生。在青贮玉米出苗后要及时查苗,若发现有缺苗的地方则要及时利用预备苗或者田间多余的玉米苗进行补苗的工作,保证使青贮玉米在苗期做到"早、齐、壮、全、匀"。

2. 间苗、定苗

间苗的时间应选择在青贮玉米长出2~3片真叶时进行。间苗的工作内容是将病苗、弱苗、小苗拔除,留下相对强壮的玉米苗。定苗则选择在青贮玉米长出4片真叶时进行。定苗时要选择适宜的间距和密度。植株的密度受到多种因素的影响,其中青贮玉米的品种是主要的影响因素。因此,根据不同的玉米品种要确定适宜的密度来进行定苗的工作。一般青贮玉米的种植密度:高秆晚熟的品种为每公顷4万~4.5万株,中熟品种为每公顷5万~6万株,矮秆品种为每公顷6万~7万株。

3. 苗肥的追施

青贮玉米的生长需肥较多,且吸肥较集中,出苗后单靠基肥和种肥不能满足后期拔节孕穗的需求。苗肥是指从出苗到拔节前追施的肥料。播种时没有施用种肥的地块,苗期可追施苗肥。苗肥的作用主要是

促进幼苗特别是根系的生长,对于培养壮苗和实现高产至关重要。苗肥的用量可根据土壤肥力、产量水平、肥料养分含量等具体情况来确定,一般在定苗后开沟施用,避免在没有任何有效降水的情况下撒施。

4. 中耕与蹲苗促壮

玉米中耕的作用在于疏松土壤、流通空气、破除板结、提高地温、消灭杂草及病虫害,减少水分养分的消耗,促进土壤微生物活动,满足玉米生长发育的要求。玉米田要做到早中耕、深中耕、多中耕。苗期中耕,一般可进行2~3次,深度为10~12厘米,要避免压苗、埋苗。第二次中耕,结合进行根际追肥,数量与种肥相当,施于苗侧5~8厘米,深度为5~8厘米。覆土严密,浅培土形成垄形。第三次中耕宜进行封垄。

蹲苗是根据苗期生长发育的特点,以促进根系发育为主要目的,使根系下扎深、分布广,增强抗旱、抗倒伏能力。其措施主要有中耕松土、控制水分。蹲苗的玉米叶片中叶绿素含量高、保水力强,对玉米植株增强抗旱、耐旱能力具有一定作用。蹲苗要根据当时的苗情、土壤水分与肥力等情况区别对待。蹲苗应从出苗开始到拔节前结束。蹲苗应遵循"蹲晚不蹲早,蹲黑不蹲黄、蹲肥不蹲瘦、蹲湿不蹲干"的原则,即当苗色深绿、长势旺、地力肥、墒情好时进行蹲苗,地力瘦、幼苗生长不良时不宜蹲苗,一般沙性重的地,保水、保肥性差,盐碱重的地不宜蹲苗。

5. 苗期水分管理

玉米苗期时植株矮小,生长缓慢,叶面积小,蒸腾量不大,对水分需求量不大,可忍受轻度干旱胁迫;且苗期的适度干旱可促进根系发育,利于蹲苗,不但能使幼苗生长健壮,而且可增强玉米生育中后期的抗旱、抗倒伏能力。所以,苗期除了底墒不足而需要及时浇水外,在一般情况下,土壤水分以保持田间持水量的60%左右为宜。

二 穗期田间管理

1. 中耕培土

一般青贮玉米在整个生长期要中耕培土2次,中耕可以疏松土壤,利于玉米根系的发育,同时,也可以除去田间杂草,并可增加土壤中的氧气含量,从而促进土壤中微生物的生长,增加了土壤中有机肥的含量,还可以提高化肥的效率,土壤可更多地吸收、接纳雨水。培土可以促进地上部气生根的发育,有效防止因根系发育不良而引起的倒伏;此外,培土还可以掩埋杂草,培土后形成的垄沟有利于田间灌溉和排水。中耕和培土作业可以结合在一起进行,一般在拔节后至小喇叭口期之前进行,培土高度以7~8厘米为宜。在潮湿、黏重的地块以及大风地区和年份,培土的增产、稳产效果较为明显。

2. 追施穗肥

青贮玉米进入穗期后,植株生长旺盛,对矿物质养分的吸收量最多、吸收强度最大,是玉米一生中吸收养分的重要时期,也是施肥的关键时期。在小喇叭口期追施氮肥,可以有效促进果穗小花分化,实现穗大、粒多的目的。穗期主要是追施速效氮肥,追施量可根据地力、苗情来确定。一般在行间机械深施或预留有效降水行间撒施,以防造成肥料损失。

3. 水分灌溉

进入穗期后,玉米植株对水分的需求量增大。如果干旱,会造成果穗有效花丝数和粒数减少,还会造成抽雄困难,尤其会对一些粮饲兼用的青贮玉米的果穗营养生长造成影响。所以,穗期要注意可能出现的旱情,根据天气情况和土壤墒情灵活灌溉。

三 花粒期田间管理

1. 追施花粒肥

花粒肥能够防止玉米脱肥早衰,保持叶片功能旺盛,提高千粒重。花粒肥以速效氮肥为宜,施肥量不宜过多,一般每亩可追施尿素 7.5~10 千克,在玉米行侧深施或结合灌溉施用。

2. 水分管理

玉米抽穗开花期,对土壤水分十分敏感,若水分不足,气温升高,空气干燥,抽出的雄穗在两三天内就会"晒花",甚至有的雄穗不能抽出,或抽出的时间延长,造成严重减产,甚至颗粒无收。这一时期,玉米植株的新陈代谢最为旺盛,对水分的要求达到它一生的最高峰,称为玉米需水的"临界期"。这一时期土壤水分以保持田间持水量的80%左右最好。干旱会影响玉米植株的正常授粉、受精和籽粒灌浆,使秃尖增多、穗粒数减少、千粒重降低。因此,必须防止此阶段出现干旱现象,要根据天气情况灵活掌握灌溉。

3. 人工辅助授粉

在玉米抽雄至吐丝期间,低温、阴雨、寡照以及极端高温等不利天气条件常会导致雌雄发育不协调,影响正常的授粉、受精,减少穗粒数,最终导致减产。此时,可在有效散粉期内采用人工辅助授粉的手段,来提高玉米的结实率、增加穗粒数。比较简单的做法是,在两个竖竿顶端横向绑定木棍或粗绳,两人手持竖竿横跨玉米垄行走,用横竿或粗绳轻轻敲打雄穗,帮助花粉散落,人工辅助授粉过程宜在晴天的9:00以后至16:00以前进行。

第四节 主要病虫草害防治

玉米生育过程中会受到各种病虫草的危害,造成产量与品质的下降。青贮玉米作为青饲料饲喂牲畜,对其品质与产量的要求更高,所以要加强对青贮玉米整个生育阶段病虫草害的防治。专用青贮玉米主要收获植株部分,粮饲两用的青贮玉米品种同时收获植株与籽粒,对植株、叶片、籽粒影响较大的病虫草害都是要重点防治的对象。

以下对主要的病虫草害进行阐述。

一 青贮玉米主要病害防治

1. 玉米大斑病

玉米大斑病是玉米的重要叶部病害,我国以东北、华北北部、西北和南方山区的冷凉地区发病较重。

(1)危害症状。玉米大斑病往往从下部叶片开始发病,逐渐向上扩展。苗期很少发病,抽雄后发病加重。病菌主要危害叶片,严重时也可危害叶鞘、苞叶和籽粒。发病部位首先出现水质状小斑点,然后沿叶脉迅速扩大,形成黄褐色或灰褐色梭形大斑,病斑中间的颜色较浅,边缘的颜色较深。病斑一般长5~20厘米、宽1~3厘米,严重发病时,有多个病斑连片,植株直接枯死。枯死的株部腐烂、雌穗倒挂、籽粒干瘪,造成玉米减产。

(2)防治方法。防治策略以推广和利用抗病品种为主,加强栽培管理,辅以必要的药剂防治。种植抗病、耐病品种是防治玉米大斑病的主要措施,当植株从营养生长过渡到生殖生长时,最易受到病菌的侵染。

因此,加强田间管理,使植株生长健壮,可抵抗病菌的侵染。由于该病发生于中后期,进行玉米适当早播,可避免病害的流行。改善栽培技术,实行合理轮作,减少初次侵染源,避免玉米连作,实行玉米、大豆间作,或与小麦、花生、甘薯等间作套种,同时做好田间病原物清理,及时清除病株和打除底叶。化学防治,可选用25%的吡唑醚菌酯30~50克/亩,或18.7%丙环·嘧菌酯悬乳剂50~70毫升/亩,或250克/升吡唑醚菌酯乳油30~40毫升/亩,对水均匀喷雾,第一次施药在玉米7~10叶期,第二次施药在玉米抽雄吐丝期,每季作物施药1~2次,安全间隔期为10天。

2.玉米小斑病

玉米小斑病是全世界玉米区普遍发生的一种叶部病害,以温度较高、湿度较大的丘陵地区发病较多。一般夏播玉米比春播玉米发病重。

(1)危害症状。玉米从幼苗到成株期均可造成较大的损失,以抽雄期、灌浆期发病重。病斑主要集中在叶片上,一般先从下部叶片开始,逐渐向上蔓延。病斑开始呈水渍状,后变为黄褐色或红褐色。边缘色泽较深,病斑呈椭圆形、近圆形或长圆形,大小为(10~15)毫米×(3~4)毫米,有时病斑可见2~3个同心轮纹。

(2)防治方法。选用抗病品种是杜绝发病的根本措施,另外,需加强田间管理,在玉米收获后彻底清除田间病残体,减少初侵染源,在播种前增施有机肥和磷、钾肥,注意排水,适期早播,避开危害关键期,降低发病率。在发病初期,打掉下部感病病叶,可减轻发病程度。化学防治可用24%井冈霉素水剂30~40毫升/亩、45%代森铵水剂78~100毫升/亩、18.7%丙环·嘧菌酯悬乳剂50~70毫升/亩,对水喷雾,喷雾防治1~2次,间隔7~10天,可有效控制病害的发生。

3.玉米锈病

玉米锈病为玉米生长中后期的主要病害,我国东北、西北、华北、华东、华南及西南地区均有发生。

(1)危害症状。主要侵染叶片,严重时也可侵染果穗、苞叶、雄花,初期仅在叶片两面散深浅黄色、长形至卵形褐色小脓疱,后破裂散出铁锈色粉状物,即为病原病菌夏孢子。后期病斑上生出黑色近圆形或长圆形突起,开裂后露出黑褐色冬孢子。

(2)防治方法。选育抗病品种,一般马齿型品种较抗病。施用酵素菌沤制的堆肥,增施磷、钾肥,避免偏施、过施氮肥,提高寄主抗病力。加强田间管理,清除酢浆草和病残体,集中处理,以减少侵染源,在发病初期喷施25%三唑酮可湿性粉剂1 500～2 000倍液、12.5%速保利可湿性粉剂4 000～5 000倍液,隔10天左右喷1次,连续喷雾2～3次。

4. 玉米丝黑穗病

玉米丝黑穗病是玉米产区的重要病害,尤其以华北、西北、东北和南方冷凉山区的连作玉米地块发病较重,发病率为2%～8%,严重地块可达70%,造成严重减产。

(1)危害症状。主要侵害玉米雌穗和雄穗。一般在出穗后显症。雄穗染病有的整个花序被破坏、变黑,有的花器变形、增生,颖片增多、延长。有的部分花絮被害,雄花变成黑粉。雌穗染病较雄穗短。下部膨大、顶部较尖,整个果穗变成一团黑褐色粉末和很多散乱的黑色丝状物。有的增生变成绿色枝状物。有的苞叶变狭小,簇生畸形,黑粉极少。偶尔侵染叶片,形成长梭状斑,裂开散出黑粉或沿裂口长出丝状物。病株大多会矮化,分蘖也增多。

(2)防治方法。防治策略应以种子处理为主,及时消灭菌源,采用种植抗病良种等农业措施相结合的综合防治措施。在选择抗病良种的前提下,播前要晒种,选择籽粒饱满、发芽势强、发芽率高的种子,再用药剂拌种处理。可选60克/升戊唑醇悬浮种衣剂进行种子包衣,按处理每100

千克种子加1.5~2升药液（推荐制剂用药量133~200毫升加清水），也可用28%灭菌唑种子处理悬浮剂1∶(500~1 000)（药种比）进行种子包衣。

同时，采用农业防治措施进行综合防治：

一是杜绝和减少初侵染菌源。不从病区调运种子。育苗移栽的要选不带菌的地块或经土壤处理后再育苗，最好在玉米苗长3~4片叶以后再移栽定植大田，可有效避免丝黑穗病菌的侵染。及时拔除田间病株能有效地减少土壤中的越冬菌源。进行高温堆肥，厩肥需充分发酵，杀死病原菌后再施用。切忌将病株散放或喂养牲畜、垫圈等。一般实行1~3年的合理轮作，可有效控制丝黑穗病的发生和危害。

二是利用抗病品种是防治丝黑穗病的根本措施，由于丝黑穗病与大斑病的发生和流行区域一致，要选用同时兼抗这两种病害的品种。

三是调整播期。要求播种时气温稳定在12℃以上，地膜覆盖也可提早播种，但也不可盲目地早播，整地保墒以提高播种质量，一切有利于种子快发芽、快出土、快生长的因素都能减少病菌侵染的机会。

5. 玉米瘤黑粉病

玉米瘤黑粉病是我国玉米极为普遍的一种病害。一般情况下，山区比平原、北方比南方发生普遍而且严重。产量损失程度根据发病的时期、发病的部位及病瘤的大小有关，发生早且病瘤大，在果穗上及植株中部发病的对产量影响大，减产15%以上。

(1)危害症状。植株地上幼嫩组织和器官均可发病，病部的典型特征是产生肿瘤，病瘤开始呈银白色，有光泽，并迅速膨大，常能冲破苞叶而外露，表面变暗略带浅紫红色，内部则变灰至黑色。失水后，当外膜破裂时，散出大量黑粉，雌穗发病可部分或全部变成较大肿瘤，叶上发病则形成密集成串的小肿瘤。

(2)防治方法。防治策略应采取以种植抗病良种、减少菌源为主的综合防治措施。农业防治要积极培育和因地制宜地利用抗病品种。在秋季翻地,彻底清除田间病残体,玉米秸秆堆肥时要充分腐熟,在病瘤未变色时及早割除,并带出田外深埋处理。对重病田块实行2~3年的轮作。合理密植、及时灌溉,尤其是抽雄前后要保证水分供应充足。避免偏施、过量施用氮肥,要适时增施磷、钾肥。尽量减少耕作造成的机械损伤。

药剂防治可选用10%甲·戊·嘧菌酯悬浮种衣剂200~400克/100千克种子或10.6%戊唑·福美双悬浮种衣剂(1:50)~(1:60)(药种比)进行种子处理。在病瘤未出现前可喷洒药剂防治,可选用的药剂有12.5%烯唑醇或15%三唑酮等。

二 青贮玉米主要虫害防治

1. 玉米螟

玉米螟是玉米的主要害虫。主要分布于北京、东北、河北、河南、四川、广西等地。各地春、夏、秋播玉米都有不同程度受害,尤以夏播玉米最重。玉米螟可危害玉米植株地上的各个部位,使受害部位丧失功能,降低籽粒产量。

(1)危害症状。玉米螟幼虫是钻蛀性害虫,典型症状是心叶被蛀穿后,展开的玉米叶出现整齐的一排排小孔。雄穗抽出后,幼虫就钻入雄花危害,往往造成雄花基部折断。雌穗出现后,幼虫又转移到雌穗取食花丝和嫩苞叶,蛀入穗轴或食害幼嫩的籽粒。部分幼虫蛀入茎部,取食髓部,使茎秆易被大风吹折。受害植株籽粒不饱满,青枯早衰,甚至有些穗无籽粒,造成严重减产。

(2)防治方法。防治玉米螟应采取预防为主的综合防治措施,在玉米螟生长的各个时期采取对应的有效防治方法。具体方法如下:

一是灭越冬幼虫。在玉米螟冬后幼虫化蛹前期处理秸秆。机械灭茬、用白僵菌封垛等方法来压低虫源,减少化蛹羽化的数量。白僵菌封垛的方法是越冬幼虫化蛹前(大概4月中旬)把剩余的秸秆垛按每立方米100克白僵菌粉进行喷雾,喷到垛面飞出白烟(菌粉)即可。一般垛内杀虫效果在80%左右。

二是灭成虫。因为玉米螟成虫在夜间活动,有很强的趋光性。所以设置频振式杀虫灯、黑光灯、高压汞灯等诱杀玉米螟成虫。一般在5月下旬开始诱杀到7月末结束,傍晚太阳落下开灯,早晨太阳出来关灯。这种方法不但可诱杀玉米成虫,还能诱杀所有具有趋光性的害虫。

三是灭虫卵。利用刺眼蜂卵寄生在玉米螟的卵内,吸收其营养,致使玉米螟卵被破坏致死而孵化出刺眼蜂,以消灭玉米螟的虫卵来达到防治玉米螟的目的。方法是在玉米螟化蛹率达20%后推10天,就是第一次放蜂的最佳时期,约6月末到7月初,隔5天为第二次放蜂期,两次每亩放1.5万~2万头刺眼蜂效果更好。

四是灭田间幼虫。可用40%辛硫磷乳油浇灌心叶,每亩用本品75~100毫升拌入直径2毫米左右的炉渣砂土250克,于玉米心叶末期,施入喇叭口内,使用一次。也可用8 000IU/微升苏云金杆菌悬浮剂150~200毫升/亩加细沙灌心叶。或在卵孵高峰期、玉米喇叭口期用25克/升溴氰菊酯乳油亩20~28毫升/亩拌2千克细沙、土,撒施入玉米喇叭口中进行灭杀。也可用300亿孢子/克球孢白僵菌可湿性粉剂100~120克/亩喷雾于玉米大喇叭口期。

2. 玉米蚜虫

玉米蚜虫俗名麦蚰、腻虫、蚁虫,分布在东北、华北、华东、华南、中南、西南等地。

(1)危害症状。玉米蚜虫在玉米苗期群集在心叶内刺吸危害。随着植株生长,集中在新生的叶片危害。孕穗期多密集在剑叶内和叶鞘上危害。边吸取玉米汁液,边排泄大量蜜露,覆盖叶面上的蜜露影响光合作用,易引起霉菌滋生,被害植株长势衰弱、发育不良、产量下降。

(2)防治方法。农业防治:铲除田间杂草减少虫源,拔除中心芽株的雄穗,减少虫量。药剂防治:用600克/升吡虫啉悬浮种衣剂、30%噻虫嗪种子处理悬浮剂200～600毫升/100千克种子拌种防治玉米蚜虫,按每100千克干种子加水0.8～2升稀释拌种防治。也可利用玉米蚜虫的天敌蚜茧蜂来进行防治。

3.地老虎

地老虎又叫地蚕、土蚕、切根虫。地老虎的种类很多,但经常发生危害的为小地老虎和黄地老虎。

(1)危害症状。地老虎一般以第一代幼虫危害严重,各龄幼虫的生活习惯和危害习性不同。1龄、2龄幼虫昼夜活动,啃食新叶或嫩叶。3龄后的幼虫白天躲在土壤中,夜出活动危害,咬断幼苗基部嫩茎,造成缺苗。4龄后幼虫抗药性大大增强,因此药剂防治应把幼虫消灭在3龄以前。

(2)防治方法。地老虎的防治,必须采取诱蛾、除草、药剂、人工防治相结合的措施,才能有效地控制危害。

一是诱杀成虫。诱杀成虫是防治地老虎的上策,可大大减少第一代幼虫的数量,方法是利用黑光灯和糖醋液诱杀。

二是铲除杂草。杂草是成虫产卵的主要场所,也是幼虫转移到玉米幼苗上的重要途径。在玉米出苗前彻底铲除杂草,并及时移出田外作饲料或沤肥,忌乱放、乱扔,铲除杂草将有效压低虫口基数。

三是药剂防治。药剂防治是目前消灭地老虎的重要措施,播种时可用40%溴酰·噻虫嗪悬浮剂对种子进行处理,用量为150～300毫升/100

千克种子,加水0.8~2升稀释后拌种,也可用10%克百威悬浮种衣剂(1:40)~(1:50)(药种比)进行拌种,或600克/升噻虫胺·吡虫啉种子处理悬浮剂400~600毫升/100千克种子拌种。出苗后经定点调查,虫量0.5头/平方米施药防治。毒饵诱杀对4龄以上幼虫效果较好,将90%敌百虫0.5千克用热水化开,加清水5升左右,喷在炒香的油炸或棉籽皮上,搅拌均匀即可,每亩用毒饵4~5千克,于傍晚撒施。也可于地老虎发生的早期(玉米2~3叶期),用200克/升氯虫苯甲酰胺悬浮剂3.3~6.6毫升/亩,对水喷淋玉米根茎,达到防虫的目的。

4. 草地贪夜蛾

(1)危害症状。草地贪夜蛾初孵幼虫先取食卵壳,然后开始分散;1~2龄的幼虫有吐丝下坠的习性,借助风力转移到周边植株上,在田间形成聚集型分布;1~3龄的低龄幼虫通常隐藏在叶片背面取食,取食叶片单侧表皮和叶肉,留下上表皮,形成半透明薄膜"窗孔";幼虫3龄前危害隐蔽性强,容易被忽视,4龄后则进入暴食期,取食叶片形成不规则的长形孔洞、缺刻;4~6龄的高龄幼虫常隐藏在玉米心叶中取食心叶,可造成玉米生长点死亡,俗称"心死";高龄幼虫还钻蛀茎秆,取食玉米雄穗和雌穗。

玉米苗期干旱时,草地贪夜蛾幼虫钻蛀幼苗基部,造成幼苗死亡,缺苗断垄。发生严重时,整株玉米的叶片均被吃光,仅剩光秆,造成严重减产。

(2)防治方法。以预防为主、综合防治为指导,以农业防治为基础,积极保护并利用天敌,重点区域抓住关键时期,实施科学防控。加强监控,对草地贪夜蛾卵、幼虫数量、危害程度及其动态等情况,进行测报分析,做到早发现、早报告、早预警、早防治。

农业防治方法:采取种植抗(耐)虫品种,合理种植、轮作倒茬、调整播种期、与远缘作物间套种、人工摘除卵块、捏死幼虫，加强肥水管理，针对草地贪夜蛾成虫的趋化具有生物学特性，可设置性信息素诱捕器来诱杀成虫等。也可利用寄生蜂、捕食蝽、捕食瓢虫等草地贪夜蛾的天敌来进行防治。

草地贪夜蛾的化学防治方法主要分为药剂拌种和药剂喷施两个方面。药剂拌种可采用50%氯虫苯甲酰胺SG 38~53克对适量水，拌10千克玉米种，可预防苗期草地贪夜蛾的危害，同时其对地下害虫、小地老虎等苗期的其他害虫也有很好的防治效果，且不伤害天敌。药剂喷施应合理使用高效、低风险杀虫剂，且轮换用药，延缓草地贪夜蛾抗性的发展速度。

抓住卵孵化及低龄幼虫的防控最佳时期施药，施药时间最好选择在清晨或傍晚，注意将药液喷洒在玉米心叶、雄穗和雌穗等幼虫主要危害部位，同时药液量要充足。

当草地贪夜蛾发生严重时，航空施药必须和地面施药相结合。在虫口密度小于10头/100株时，可采用核型多角体病毒、多杀菌素绿僵菌、苏云金杆菌、白僵菌等微生物农药，或苦参碱、苦皮藤素、印楝素等植物性农药进行叶面喷雾处理。

对于虫口密度达到10头/100株的田块要及时进行化学药剂防治。1~3龄的幼虫可用10%四氯虫酰胺SG 600毫升/公顷或200克/升氯虫苯甲酰胺SG 2 400倍液，对水喷雾；防治3龄以上幼虫时，可选用10%虫螨腈SG 500倍液、60克/升乙基多杀菌素SG 1 000倍液、5%甲氨基阿维菌素苯甲酸盐（甲维盐）ME 2 400倍液、14%虫螨腈·茚虫威SG 300毫升/公顷、10%高效氯氟氰菊酯水乳剂300毫升/公顷、34%乙多·甲氧虫SG 1 000~2 000倍液对水全株均匀喷雾，或使用0.4%氯虫苯甲酰胺颗粒剂在玉米喇叭口点施，均可获得较好的防治效果。

三、青贮玉米杂草防治

因青贮玉米是全株收获，杂草可大大降低青贮玉米的质量，所以要做好杂草防治。因玉米行距较大，苗期最易受杂草的危害。在玉米生长的中后期，由于田间郁闭作用，杂草的发生和生长受到抑制，对产量影响不大。因此，苗期是玉米杂草防治的关键时期。玉米杂草防治的重点是要做到苗前封闭、3～5叶期除草、6～8叶期除草及8叶后除草。

1.播后苗前土壤的处理

在玉米播种后且尚未出苗前，喷施封闭性除草剂。这类除草剂主要有莠去津、乙草胺、异丙草胺、异丙甲草胺、丁草胺、二甲戊灵、嗪草酮、氰草津等，可防除单、双子叶杂草；可用噻吩磺隆、2,4-滴（丁酯、异辛酯）等防除双子叶杂草。

苗前封闭的用药量与药效受土壤质地、有机质含量、pH酸碱度等因素的影响。在沙质土壤田使用，若遇大雨，则可能将某些除草剂淋溶到玉米种子上进而产生药害。在干旱条件下施药的除草效果差。因此，喷洒除草剂必须保持土壤湿润才利于除草剂发挥作用，同时要根据土壤墒情增减水量。足量的水可使土壤表面均匀着药，形成药土层，封闭厚，反之水量少则封闭层薄，效果不好。在土壤墒情较好，之前未用过或施用除草剂历时较短且田间主要杂草为马唐、狗尾草、藜、反枝苋等的地块，可用乙草胺+莠去津、丁草胺+莠去津等复配除草剂进行苗前封闭。在墒情较差的地区，施药时尽可能地加大水量，使药剂能喷淋到土表。

2.苗后茎叶处理除草

玉米3～5叶期是玉米田杂草防除的一个重要时期，若杂草防除不及时，将直接影响玉米的生长及产量。

苗后茎叶处理除草常用烟嘧磺隆、莠去津、硝磺草酮、苯唑草酮等可防除单、双子叶杂草;二甲四氯、氯氟吡氧乙酸、二氯吡啶酸、辛酰溴苯腈等防除双子叶杂草。使用时针对不同草相,生产上一般以二元或三元药剂复配使用,或2~3种,甚至4种有效成分现混使用,常用复配剂有烟嘧·莠去津可分散油悬浮剂、硝磺·莠去津可分散油悬浮剂、烟·硝·莠去津可分散油悬浮剂、烟·莠·氯氟吡可分散油悬浮剂等。施药时若遇高温,易发生药害。

5叶期以后,对于前期未进行化学除草、墒情较差、田间杂草较少的田块,可在玉米6~8叶期喷施兼有除草和封闭效果的除草剂,可用烟嘧磺隆+莠去津对水定向喷施。施药时应选择无风天气,定向喷施时注意不能将药液喷施到玉米喇叭口内。在玉米生长中期,对于前期未进行化学除草或施药效果较差未能控制杂草危害的田块,在玉米8叶期后、茎基部老化后,用草安磷对水进行定向喷施。施药时,应选择无风天气,并避免将药剂喷施到玉米茎叶上。

第五章 青贮玉米裹包技术概述

第一节 青贮玉米裹包技术的概念、影响因素及特点

一、青贮玉米裹包技术的概念及影响因素

1. 青贮玉米裹包技术的概念

青贮玉米裹包是将青贮玉米原料用打捆机进行高密度压实、打捆，通过裹包机用拉伸膜包裹，在厌氧环境下进行的以乳酸菌发酵为主导的发酵过程，导致酸度下降抑制各种杂菌繁殖，使饲草得以长期保存的加工方法。

2. 青贮技术的关键影响因素

青贮饲料是将切碎后的新鲜玉米、高粱、燕麦或苜蓿等经微生物厌氧发酵而成的，是牲畜最主要的饲料来源，青贮饲料的制作技术即为青贮技术。影响青贮品质主要有以下几个关键因素。

（1）含水率。相关试验证明物料含水率为40%~85%时均能成功青贮，但需特殊的青贮方法、工艺及添加剂。根据物料含水率不同可分为高水分青贮(含水率为70%以上)、萎蔫青贮(含水率为60%~70%)和半干青贮(含水率为40%~60%)。相关研究表明，物料含水率为65%~75%时

最适宜乳酸菌的繁殖,可制作出优质青贮饲料,含水率是决定青贮饲料品质的关键因素。

(2)含糖量。青贮成功的必备条件是原料应含有足够的糖,若玉米要实现青贮则含糖量应超过4.95%,而玉米实际含糖量为26.8%左右,可直接青贮而无须添加任何添加剂;紫花苜蓿要实现青贮则含糖量应超过9.5%,而紫花苜蓿含糖量为3.72%左右,所以不易直接青贮,要想青贮成功必须添加其他辅料。

(3)切碎。目前青贮玉米收获标准规定青贮玉米的切段长度:牛为30~50毫米,羊为20~30毫米。实际青贮调制中一般要求切碎长度为10~20毫米,要求切短的目的主要是便于物料的压实,提高青贮品质。

(4)压实。压实是为了排出空气,提高青贮品质,一般要求压实密度≥500千克/米^3。对压实要求,有"青贮800磅原理",即用800磅重的轮式拖拉机不停碾压,1小时填充1吨重青贮料,碾压密度才能达到青贮标准要求。

(5)密封。青贮的装料过程越快越好,可有效缩短原料在空气中暴露的时间,减少由于植物细胞呼吸作用造成的损失,避免好氧菌大量繁殖。青贮玉米原料要求在收获后尽快装窖压实或打捆裹包,实现密封管理。

(6)乳酸菌。乳酸菌可以有效降低青贮中pH酸碱度,抑制有害微生物的繁殖,促进青贮饲料的发酵,提升青贮饲料品质。自然界中,青贮饲料本身就存在乳酸菌,青贮条件很好时无须再添加乳酸菌。当青贮条件一项或多项未达到标准要求时则需要添加辅料或其他添加剂,如豆科、莎草科作物直接青贮效果较差,在青贮过程中需与其他青贮作物进行混贮或添加添加剂。

二 青贮玉米裹包技术的特点

裹包青贮是最易满足青贮质量要求的青贮模式,玉米裹包青贮生产全程采用机械化作业,将收割、切碎好的新鲜玉米采用打捆机高密度压实、打捆,再用专用拉伸青贮膜包裹起来,形成一个极佳的发酵环境,更适合厌氧发酵,物料在密封厌氧状态下经3~6周最终完成乳酸型自然发酵的生物化学过程,其主要有以下特点。

1.裹包青贮饲料品质较好

根据美国相关单位对青贮裹包饲料营养成分的测定,饲喂奶牛产奶量及肉牛产肉量的对比试验表明:与传统的青贮窖相比,裹包青贮饲料测试的各项技术指标如pH、氮氨含量指标等均高于青贮窖贮饲料,饲料的质量有所提高。

使用裹包饲料饲喂的每头奶牛比使用青贮窖贮饲料的每头奶牛平均每天多产7.43千克牛奶,牛奶中脂肪、蛋白、乳糖等营养均有增加。使用裹包饲料比使用青贮窖贮饲料每头牛少消耗饲料315千克,而多产肉23千克,可见使用裹包饲料饲喂效果好,具有更高的规模效益。

2.裹包青贮生产过程可控

传统的青贮窖式贮存饲料,青贮饲料的填装、压实、密封包装用时长,青贮质量不易保证,饲料损失大,在管理好的情况下,一般干物质损失在10%~15%,有些情况下甚至损失70%以上。而采用机械压实打捆,压实效果好、氧气排除干净、体积小,且单位体积内干物质含量多,饲料质地均匀,包内氧气含量少,饲料发酵效果好,营养物质保存较好,生产过程可控,从而保证青贮玉米的质量。

3.裹包青贮密封性好

裹包青贮采用的塑料袋和包膜具有较强的抗拉伸性、抗穿刺性和抗撕裂性，化学性质稳定、密封性好，可保证原料快速进入青贮容器中并与空气隔绝，为乳酸菌厌氧发酵提供保证。同时，青贮流液损失和饲喂损失均大大减少，损失率仅在5%左右，远低于传统青贮饲料的20%~30%损失率。此外，裹包青贮密封性能好，液汁不会外流，不会污染环境。

4. 裹包青贮制作限制因素少

裹包青贮的制作不受时间、天气因素限制，只要牧草含水量适宜就可以加工制作。将青贮原料收割完后经适当晾晒就可进行裹包存贮。不受季节、日晒、降雨及人员等因素的影响，1~2个人就可以完成裹包青贮的制作。存放地点也不受限制。只要能够存放裹包就可以贮存，还可以露天贮存。

5. 裹包青贮便于远距离运输

裹包青贮易于装卸、运输，可形成商品化、规模化、专业化生产模式，便于长途运输。运输过程中不会发生霉变，且物流供应链可控，可保证饲料可追溯性，适应市场化流通。

6. 裹包青贮储存和取饲较为方便

存放条件要求低，受季节、日晒、降雨和地下水的影响小，露天堆放即可。此外，裹包青贮保质期较长，有效保质期可达2年，可缓解季节性及区域性饲草短缺等问题。

7. 裹包青贮综合效益高

采用裹包青贮技术可节省建窖费用和维修费用，同时在裹包生产过程中减少营养物质的损失，饲料根据饲喂量随时开包，降低腐烂、霉变（一般不超过1%），饲喂损失大大减少，降低了饲喂成本。因此，裹包青贮技术可降低生产成本，提高综合效益。该技术在国外已得到广泛应用，在国内也逐步得到用户的认可，发展前景广阔。

第二节 青贮裹包技术应用现状及发展趋势

随着青贮饲料在草食家畜生产中应用的比例逐渐增大,青贮饲料的技术和设备不断得到改进和提高。裹包青贮属于当今世界最先进的青贮技术,已在美国、欧洲及日本等发达国家被广泛应用。我国20世纪80年代引入该项技术,于1996年开始对其进行系统研究,并逐步在生产中推广应用。

一 国外青贮裹包技术的应用现状及发展趋势

1. 北欧地区

牧草一般刈割两茬,第一茬用作堆贮或塔贮,第二茬用于裹包青贮,拉伸膜裹包层数一般为6层,饲喂马的裹包青贮饲料用8层。一般白色拉伸膜用得最多,其他颜色用得少。裹包青贮已逐渐替代干草生产及临时性的堆贮或池贮。对于小型牧户,裹包青贮是禾草青贮的唯一方式。

发展趋势:养马业对青贮饲料的需求增加,裹包青贮成本逐渐降低,裹包青贮成为有机牧场的主要组成部分,裹包青贮有助于提高食品安全。

2. 英国和爱尔兰

相对于堆贮和池贮,裹包青贮饲料量逐渐增加。拉伸膜裹包层数逐渐由4层增加至6层,颜色以黑色为主,裹包青贮饲料用于饲喂肉牛的量增加,几乎所有的牧场均制作裹包青贮,裹包青贮主要由承包商制作(英国,70%;爱尔兰,90%)。另外,在当地裹包青贮已成为有效的草地管理措施,能够有效利用草地牧草(割草裹包青贮和放牧轮作),制作速度快,受天气影响小(英国夏季多雨),刈割后促进牧草生长,提高牧草质量和草地生产力,禾草和白三叶混播草地,提高裹包青贮营养价值,同时降低草地肥料使用量。

3.北美地区

拉伸膜裹包青贮已开始取代塔贮或池贮,许多大型牧场部分或全部青贮饲料为裹包青贮饲料。加拿大东部地区主要裹包青贮饲料为苜蓿或苜蓿与梯牧草混合牧草,裹包青贮干物质含量在30%~50%。美国裹包青贮调制主要在东北部多雨地区,如威斯康星州是最早的苜蓿青贮实践地区(建州起初就开始了苜蓿青贮的研究与推广)。

二 国内青贮裹包技术的应用现状及发展趋势

1.应用现状

我国牧草及青饲料一直使用着传统的青贮方式,青贮的技术和设备均远远落后于世界先进水平。直到1996年,呼伦贝尔市与澳大利亚英特包装材料集团公司合资建立了草业开发有限公司,在鄂温克旗率先推广牧草裹包技术。2008年开始引进国产机械推广牧草裹包技术,2013年鄂温克旗对旗1 000亩人工草地和2 000亩天然草地实施裹包青贮,共计生产裹包青贮牧草500吨。1997年,青海省牧科院引进了一套小型牧草青贮设备和专用膜;2001年,巴彦淖尔市农机部门引进意大利生产的拉伸膜裹包青贮机械;2004年,拍摄了《大视眼》专题节目,介绍拉伸膜裹包青贮机械化技术,并且北京、上海、广东、湖南、安徽、青海、河南等省市分别对玉米秸秆、芦苇、地瓜藤、稻草、甘蔗尾叶等进行了裹包青贮试验和应用,测试报告都证实了其效果良好。

2.发展趋势

近年来我国奶牛、羊规模化养殖场的数量逐年增加,奶牛的存栏数逐年增加,但就总体而言,我国奶牛的饲养现状依然是以散户为主。因

此,我国奶牛养殖现状为养殖分散、规模小。另一方面,裹包青贮的机械设备多为进口,价格昂贵,个体养殖户无法承担。如此高的养殖成本,使农户对拉伸膜裹包青贮饲料可望而不可即,因此,急需解决裹包青贮饲料如何在农户中推广应用的问题。

将裹包青贮产业化不仅可以降低养殖户的成本,也能使家畜吃上优质的青贮饲料。目前国内裹包青贮产业化产品较少,因此,裹包青贮有着较为广阔的产业化前景。裹包青贮由饲料公司集中生产后以配送的方式运送到周边地区各分散奶牛养殖户中,形成裹包青贮生产与配送的产业化组织形式。该组织形式以裹包技术作为支撑技术,以裹包青贮的集中生产为基础,以配送和向农户提供相关技术咨询为服务方式,可以很好地解决个体养殖户用料难的问题。

第三节　青贮玉米裹包机械的类别及应用

一、青贮玉米收获机械

1. 机械基本组成

割台装置,安装在机身的前面,主要任务是割下青贮玉米并向后传送,一般包括滚筒式喂入器、立式滚筒切割器以及分禾器几部分。

分禾器由若干个不同大小的圆锥形部件构成,位于割台装置的最前面,主要是将地中的玉米进行分行,避免其将割台堵塞;立式滚筒切割器可分成拨禾轮(位于上半部)以及切割器(位于下半部)两部分,主要是割下玉米并进行输送;滚筒式喂入器主要是由一个大型圆筒(附带有锯齿)构成,位于割台装置的中间位置,玉米割下后会经由该部件运送到切碎装置。

切碎装置，主要部件是滚筒式动刀，在其旋转过程中能够产生切割力，从而将整株玉米甚至包括玉米棒在内共同切碎。排出装置，主要分成喷料筒和风扇，也就是在青贮玉米被切碎后将其输出。驾驶操控室，也就是对以上3个装置进行操控，从而完成青贮玉米的收割。

2. 机械类型及相关产品介绍

玉米青贮收获机的发展主要经历了人工作业、半自动化作业以及全自动化作业。青贮玉米的收获过程主要包括切割、捡拾喂入以及切碎后抛送等作业。玉米青贮收获机按与动力装置连接方式可分为悬挂式、牵引式和自走式3种。自走式青贮饲料收获机适宜用于大型农田，牵引式、悬挂式青贮饲料收获机适宜用于小地块。

(1)悬挂式玉米青贮收获机。悬挂式玉米青贮收获机主要与拖拉机或其他大型谷物联合收获机配套使用，多采用侧悬挂、后悬挂和前悬挂等连接方式。与拖拉机配套使用时主要采用侧悬挂与后悬挂连接方式，与大型谷物联合收获机配套使用时多采用前悬挂式连接。根据悬挂连接方式的不同，可分为侧悬挂式玉米青贮收获机、后悬挂式玉米青贮收获机与前悬挂式玉米青贮收获机。

侧悬挂式玉米青贮收获机多与中小型拖拉机配套使用，以拖拉机后输出动力为主要动力源，该机型多采用立式滚筒进行喂入，可一次性完成收割、喂入切碎、揉搓、输送和抛送等作业过程。该收获机结构较为紧凑、性能较为稳定，质量可靠、价格合理，但作业幅宽较小，作业效率低，第一行作业时无法自行开道，有一定的局限性。主要代表机型有法国库恩集团生产的MC90S侧悬挂式单行玉米青贮机、中国农机院研制的XDNZ-1000型侧悬挂式玉米青贮收获机、内蒙古农业大学研制的9QS-1000型青贮饲料收获机、新疆机械研究院股份有限公司研制生产的

S-900型侧悬挂式玉米青贮收获机等。

后悬挂式玉米青贮收获机主要采用三点悬挂与拖拉机进行连接,结构与侧挂式玉米青贮收获机相似,也可一次性完成收割、喂入切碎、揉搓、输送和抛送等多项作业。作业幅宽较大,收获效率较高,其在与传统拖拉机配套使用时,可一机多用。但由于工作时拖拉机需倒着开,存在视野范围差和操纵不方便等问题,且可倒着开的拖拉机较少,使用推广也较少。主要代表机型有法国库恩集团生产的MC180S型悬挂式单行玉米青贮机、新疆机械研究院生产的4QX-220型后悬挂式青贮机、牧神9QSD-900型后悬挂式青贮饲料收获机、黑龙江省农业机械工程科学研究院研制的4QX系列玉米青贮收获机等。

前悬挂式玉米青贮收获机主要与拖拉机或其他大型谷物收获机配套使用。在与拖拉机配套使用时,需加装前悬挂动力输出装置,其连接与后悬挂连接方式相同。前悬挂式玉米青贮收获机在与谷物收获机(以玉米收获机为主)配套使用时,需更换谷物收获机割台装置,其结构性能与自走式玉米青贮收获机极为相似。该类型的主要代表机型有KEMPER公司生产的C2200型和C3000型青贮饲料收获机、牧神9QH-2200型玉米青贮收获机等。

(2)牵引式玉米青贮收获机。牵引式玉米青贮收获机主要以拖拉机为配套动力,使用成本较低。在作业过程中,第一行作业时无法自行开道,需进行人工辅助劳作,人工劳动强度较大,生产效率较慢。由于作业机组整体尺寸过大,转弯半径较大,不适合小地块作业,作业环境适应性较差,存在一定的局限性。该种机型推广较为困难,批量生产较少。主要代表机型有纽荷兰公司生产的790型和900型牵引式青贮饲料收获机、约翰迪尔公司生产的2行和3行牵引式青贮收割机、宏阳秸秆青贮机厂生产的HY-200型青贮机、内蒙古赤峰赤田农林机械制造厂生产的

9SQ-500型牵引单行玉米青贮收获机、东方红-JF1002系列青贮收获机等。

(3)自走式玉米青贮收获机。自走式玉米青贮收获机一次进地可完成玉米植株的切割、输送、压扁、切碎、抛送装车等环节，不对行作业、切割、输送、喂入装置可实现反转，具有作业可靠、切割性能好、切割效率高的优点。

自走式玉米青贮收获机主要由割台装置、喂入装置、切碎装置、抛送装置、发动机底盘及液压电气系统构成。与牵引式、悬挂式玉米青贮收获机相比，自走式玉米青贮收获机除具有收获效率高、转弯半径较小、作业性能好等特点外，还具有切割性能好、作业可靠、切割效率高的优点。在使用过程中，可对割台装置进行更换，对高粱、牧草、小麦等作物进行青贮收获。主要代表机型有约翰迪尔(John Deere)公司生产的8000系列青贮机、克罗尼(KRONE)BZGX 600~1100系列青贮机、克拉斯(CLASS)捷豹(JAGUAR)840~880系列/930~980系列青贮饲料收获机、凯斯纽荷兰FR系列自走式青贮机、中国农业机械科学研究院研制生产的9800型自走式青贮饲料收获机、新疆机械研究院有限公司研制生产的9QSZ系列自走式青贮饲料收获机、石家庄美迪机械有限公司生产的9QZ系列自走式青贮饲料收获机等。

二 青贮玉米切碎机械

青贮切碎机是没有动力设备的青贮切碎机械，需要30~40瓦的电机或者拖拉机作为动力源，每小时切碎饲料20吨左右。青贮切碎机根据作业功率大小，可分为大、中、小3种类型。目前常见的切碎机造价较低，制作过程存在安全隐患，建议完善危险部位和安全警示标志，用户在使用时要注意安全。

三 裹包青贮机械

裹包青贮机械主要有打捆机、包膜机及打捆包膜一体机,目前最为便利的是打捆包膜一体机。拉伸膜裹包青贮机即为打捆包膜一体机,是将粉碎好的青贮原料进行高密度压实、打捆,再利用拉伸膜包裹起来,创造一个厌氧发酵环境,最终完成饲料的发酵。与传统的窖存相比,裹膜青贮封闭性较好、营养成分损失少、能长期保存且能够避免发生2次发酵,便于运输,有利于青贮饲料商品化,对饲料青贮加工的发展有十分重要的意义。青贮拉伸膜裹包机在生产中可实现全自动流程,将揉搓机揉搓后的玉米一次性完成打捆、包膜作业,工作效率较高。主要代表机型有奥库(Orkel)MP2000青贮饲料裹包机、高威尔(GOWEIL)打捆包膜一体机、上海世达尔现代农机有限公司生产的TSW打捆包膜一体机、山东五征集团有限公司生产的MW1010H细碎型打捆包膜一体机、甘肃省机械科学研究院有限责任公司生产的9YCL-1青贮饲料联合打捆机等。

青贮玉米裹包的打捆机的原理是通过传动轴将配套拖拉机动力输出轴与打捆机动力输入轴相连,传动系统由齿轮、链条、皮带、液压动力单元及液压马达等部件构成,并按总体配置要求设计。喂入料斗配制在打捆机的正前方,为了防止物料堆积、起拱和堵塞,将料斗设计成可摆动式,同时内部加设了拨料辊。料斗的底部装有皮带输送机,由皮带输送机将料斗内的物料连续输送到打捆室内。打捆室由72个压辊通过螺栓连接在环形封闭的链条上,组成半封闭的圆形打捆室。打捆室内由皮带输送机输送进来的物料在压辊的作用下被一层层挤压为圆柱捆,当挤压密度达到要求后,配制在打捆室和料斗之间的下网机构开始下网,当丝网包到4层时,切刀自动将丝网切断,打捆室后盖打开,将圆捆卸出,一个打捆过程结束。

四 运输机械

青贮饲料运输车是将青贮饲料收获机收获的青贮饲料从田间运送到青贮场地进行裹包青贮或装窖。目前国内并没有专用的青贮饲料运输车,作业过程中使用的青饲料运输车主要是工程自卸车、拖拉机拖挂的自卸拖车或农用自卸车加高护栏改装而成。国外对专用的青贮饲料运输车研究及使用较多,其形式多为由拖拉机牵引,主要特点是拖车的载重量大、轮胎多、轮胎宽,可有效减轻对土壤的压实。

第四节 青贮添加剂的类别及应用

青贮饲料的制作过程中涉及饲料中部分营养物质如植物细胞壁的降解、微生物的发酵等过程,会直接影响青贮饲料品质的好坏,故在进行青贮饲料的加工制作过程中常使用添加剂对青贮过程进行调控。

青贮添加剂可以用来提高青贮的营养物质,可以有效地促进青贮的发酵、改善青贮品质,并提高饲料的适口性。如添加各种可溶性碳水化合物、接种乳酸菌、加入酶制剂等,可促进乳酸发酵,迅速产生大量的乳酸,使pH很快达到要求(3.8~4.2)。或加入各种酸类、抑菌剂等可抑制腐败菌等不利于青贮的微生物的生长,或加入尿素、氨化物等可提高青贮饲料的养分含量,以实现优质饲料的生产。

青贮饲料添加剂的种类较多,根据其功能可分为4类:

发酵促进剂:此类添加剂可以促进乳酸菌对可溶性糖的发酵,主要有乳酸菌、酶制剂等。

不良发酵抑制剂:可通过抑制青贮发酵过程中好氧微生物的活力及

不良微生物的发酵,从而有效防止青贮腐败,起到保存饲料营养价值的目的。常用的抑制性添加剂主要为防腐剂类,如有机酸类的甲酸、乙酸、丙酸和甲醛以及无机酸盐等。

营养性添加剂:能适当改变饲料适口性,同时还可增加青贮饲料的营养,如糖蜜、食盐、尿素等。

吸附剂:此类添加剂可吸附水分,降低物料含水量,如秸秆、麸皮等。

一、发酵促进剂

1.乳酸菌

在青贮过程中增加乳酸菌,可以有效降低青贮的pH,增加乳酸的产量,以取得早期乳酸发酵的优势,有效抑制有害微生物的繁殖。乳酸菌依发酵糖生产乳酸的能力可分为两类:一类是同质型发酵乳酸菌,如植物乳杆菌、戊糖片球菌等;另一类是异质型发酵乳酸菌,如布氏乳杆菌等。

同质型发酵乳酸菌发酵产生乳酸是经过糖酵解途径(EMP),利用葡萄糖酵解途径生成乳酸。因为乳酸菌基本都没有脱羧酶,所以糖酵解途径生成的丙酮酸就不能通过脱羧作用而生成乙醛,只有在乙酸脱氢酶催化作用下,发生还原反应而生成乳酸。异质型乳酸发酵的乳酸菌产乳酸是经磷酸戊糖途径(HMP),除生成乳酸外还生成二氧化碳和乙醇或乙酸等。异质型发酵乳酸菌能提高青贮饲料有氧稳定性,同质型发酵乳酸菌很难做到,但是在产酸能力和营养物质损失上,同质型发酵的乳酸菌比异质型发酵的乳酸菌更有优势。因此,利用同质型发酵乳酸菌与异质型发酵乳酸菌的混合添加剂目前被广泛地应用到青贮发酵中。同质型发酵乳酸菌在青贮过程中的早期成为优势菌,降低pH,抑制其他有害菌生长。抑制剂添加剂如乙醇、丙酸等,能提高青贮饲料的有氧稳定性,保护青贮玉米饲料的营养。

一般添加的乳酸菌要具备能快速产酸降低pH、能利用广泛的糖原、不降解有机酸、能在不同温度范围和不同生长环境下快速成为优势菌群、分解蛋白质的活性低等特点。在使用乳酸菌添加剂时,要注意选择适宜的乳酸菌菌种和适合的添加用量,同时注意筛选适宜其生存的温度及含水量等,以便达到预期的青贮效果。

2. 酶制剂

饲料作物中的糖大多以纤维素形式存在于植物细胞壁中,只有受酶作用分解后才能被乳酸菌所利用。常见的作为青贮用的酶制剂包括纤维素酶、半纤维素酶、果胶酶、淀粉酶及包含这几种酶的纤维复合酶。纤维素酶类能将植物纤维素、木质素等不可溶性碳水化合物分解为可溶性碳水化合物,并且可以显著降低青贮饲料中酸性洗涤纤维与中性洗涤纤维,青贮中的酶制剂最终也能转化为青贮饲料中的有效成分。

有研究结果表明,在青贮饲料中添加乳酸菌和纤维素酶对黄曲霉毒素的产生有抑制作用。将木聚糖酶、淀粉酶和布氏乳杆菌等的混合接种剂(BB)与糖蜜分别处理青贮,结果发现BB和糖蜜均能有效地提高青贮的发酵及青贮饲料的质量,将BB和糖蜜的混合添加剂进行青贮发酵,其发酵效果不如用BB或糖蜜单独青贮的效果好。用含纤维素酶、戊糖片球菌、植物乳杆菌、生长促进剂等多种成分的复合添加剂对不同含水量的黑麦进行处理,研究结果表明:添加复合青贮剂,可以使黑麦青贮感官品质优于其他处理,含量高于其他处理组。总结以上研究结果表明,酶制剂可以有效促进青贮的发酵,但单独使用时青贮的需氧稳定性比较差,因此在使用酶制剂时,需要与其他青贮添加剂联合使用。

二　不良发酵抑制剂

1. 甲酸

甲酸又称蚁酸,具有较强的还原能力,是国外普遍使用的一种抑制性添加剂。相关研究证明,在青贮饲料中添加甲酸,可以显著降低青贮饲料的pH、非蛋白氮浓度、氨氮浓度。

甲酸不仅能够降低青贮pH和提高乙酸浓度,还可显著提高乳酸浓度,有效抑制不良微生物的繁殖生长。甲酸添加量占青贮新鲜原料的5%时,可保留更多的可溶性碳水化合物和粗蛋白质,并且能提高青贮中乙酸的产量。在青贮中添加甲酸还可以提高中性洗涤纤维含量和干物质保存率,并能显著降低青贮硝酸盐的含量,有效改善青贮的发酵品质。一般甲酸的添加量建议每吨鲜重原料添加2～4升。

2. 乙酸与丙酸

乙酸作为一种抑制性添加剂不仅可以抑制不良微生物的生长,有效增加青贮的需氧稳定性,还能够改善青贮饲料的发酵品质。

丙酸比甲酸及其他无机酸的酸性弱,但依旧是一种有效的抗真菌剂。可抑制甲酸的不足,抑制酵母菌和霉菌的生长,在抑制青贮饲料好氧性腐败方面具有良好的效果,可以显著提高青贮的需氧稳定性。研究结果表明,添加丙酸对增加青贮乳酸含量、降低青贮的pH和氨态氮浓度的效果均优于乙酸。一般而言,丙酸的添加量为青贮原料的0.5%～0.6%时,就可有效抑制不良微生物的繁殖,有效防止青贮饲料的腐败、变质。

3. 甲醛

甲醛是国内外使用较为普遍的消毒剂,也是一种抑制性发酵剂。

甲醛可以抑制青贮过程中各种微生物的活动,改善青贮饲料的气味、结构、色泽,能够有效防止青贮饲料中粗蛋白质的降解。研究表明,把甲酸与甲醛混合剂用于青贮发酵,能降低青贮饲料的氨态氮含量,保证更多的可溶性碳水化合物和粗蛋白质,能够明显改善和提高青贮饲料的发酵品质。国外研究结果表明,用甲酸与甲醛的混合添加剂处理的青贮牧草饲喂奶牛后,奶牛日增重和产乳量分别比对照组提高67%和5%。

4. 其他无机酸盐

相关研究结果发现,苯甲酸钠、山梨酸钾、亚硝酸钠3种盐类混合添加剂对各种饲料作物的青贮发酵效果品质具有改善作用,可以显著降低青贮的pH、氨氮、丁酸和乙醇浓度及梭状芽孢杆菌数,还能减少干物质损失。因此,苯甲酸钠、山梨酸钾等也可作为青贮较好的抑制性添加剂。

三 营养性添加剂

1. 碳水化合物

可作为营养性添加剂的碳水化合物种类有很多,如糖蜜、麦麸和玉米面等。糖蜜是甜菜、甘蔗等制糖业的副产品,其中主要成分是蔗糖,还含有40%~46%的葡萄糖、果糖等,另外也含有少量蛋白质、矿物质、维生素等其他营养成分。

在青贮中添加糖蜜能够有效防止水溶性碳水化合物和干物质的降解,显著降低青贮饲料的pH与氨氮含量,有效加快NDF和ADF的降解程度,显著提高干物质与粗蛋白质的含量,提高青贮饲料的适口性,能有效改善和提高青贮饲料的品质。但糖蜜的添加只增加了乙醇和乳酸的含量,没有增加青贮的需氧稳定性。因此,在青贮过程中使用糖蜜作为添加剂时,也需要与其他添加剂联合使用,才能够既促进发酵又避免由于其有氧稳定性太差而造成的腐败。

2. 含氮化合物

含氮化合物多为营养性添加剂,如尿素、氨水等。尿素不仅能够提

高青贮中乳酸的含量及抑制不良微生物的繁殖和生长,还可显著提高青贮饲料中粗蛋白质的含量。

尿素作为添加剂加入到青贮饲料中时,在脲酶的作用下分解为NH_3,而氨提高青贮饲料的pH,延长发酵时间,乳酸含量降低。氨也是抑菌剂之一,因此,尿素也能提高饲料的有氧稳定性。尿素作为添加剂能刺激微生物的蛋白合成,处理过的玉米青贮饲料能更好地保护青贮饲料中蛋白不被降解,但氨态氮的含量会有提升。

四 吸附剂

在青贮发酵过程中,由于一些不利因素使青贮不能正常发酵,例如,青贮原料含水量太高容易导致青贮发酵失败,且溢出的液体会带走青贮发酵的营养成分,也易导致附近水体的污染。当全株玉米青贮时恰逢阴雨天气,会导致原料含水量偏高,这时可采用将某种低水分碳水化合物原料与青贮原料混合的方式吸附多余的水分,在降低物料干物质含量的同时,还可以减少汁液的溢出。

适宜做青贮吸附剂的原料种类有很多,主要是富含易发酵碳水化合物的饲料,如谷物秸秆、甜菜渣、麸皮及谷物等。

第六章 青贮玉米裹包加工制作

▶ 第一节 青贮玉米的收获与运输

一、青贮玉米的收割

1. 适时收割

玉米裹包青贮的发酵品质和养分含量受收获时机影响较大,适宜的收割时机可以提高青贮饲料的品质。收获过早,籽粒发育不完全,淀粉含量低,同时原料含水量大,不利于青贮。收获过晚,虽然淀粉含量高,但茎秆老化,纤维消化率差,粗蛋白质含量减少,导致青贮品质降低。所以适宜的收割时间对玉米青贮裹包质量非常重要。一般青贮玉米的最佳收割期在玉米吐丝后20天左右,即植物学上的乳熟期至蜡熟期,此时营养价值和生物产量最高,带棒青贮玉米收获标准是玉米棒籽粒乳线在1/2即可适时收获。青贮玉米不同收获期的营养含量占比见表6-1。

表6-1　青贮玉米不同收获期的营养含量(%)

收获期	干物质	蛋白质	粗脂肪	粗纤维	无氮浸出物
抽穗期	15.9	1.6	0.3	4.2	7.8
乳熟期	19.9	1.6	0.5	5.1	11.6
蜡熟期	26.9	2.1	0.7	6.2	11.6
完熟期	37.7	3	1	7.8	24.2

最佳收获期也根据植株的含水量,最适收获期是在含水量为65%~70%,用这一含水量范围内的玉米制作青贮饲料非常适合长期保存,通常判断籽粒的乳线在1/2~3/4阶段可进行收获,乳线阶段判断如图6-1所示。若是玉米含水量高于70%或在1/2乳线阶段之前收获,干物质积累就没有达到最大值,此时的青贮易造成液体渗漏,影响青贮饲料品质。若在玉米含水量降到60%以下、籽粒乳线消失后收获,茎叶会老化而导致产量损失。由于水分过低,青贮玉米不易压实,会因空气含量高引起氧化而造成损失。另外,由于水分含量低,乙酸菌繁殖慢,酸度低,杂菌生长快易引起发霉、变质。

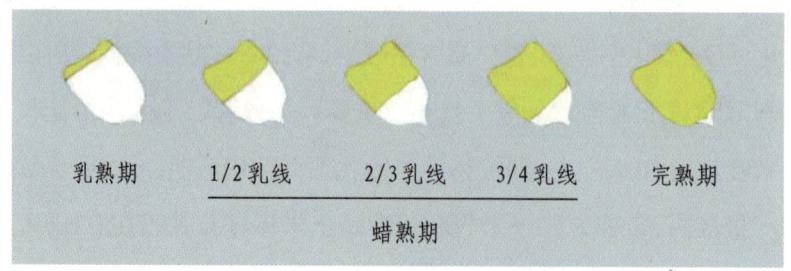

图6-1　玉米成熟过程中籽粒乳线变化图示

含水量的判断方法主要有手工粗略估计法与微波炉测定法两种。手工粗略估计法一般直接用手挤压青贮饲料来判断含水量,具体方法见表6-2。

表6-2 手工估计青贮饲料含水量

用手挤压青贮玉米饲料的状态	水分含量
水很容易挤出来,饲料成形	>80%
水刚能挤出来,饲料成形	75%~80%
只能挤出少许水(或无法挤出),但饲料成形	70%~75%
无法挤出水,饲料慢慢分开	60%~70%
无法挤出水,饲料很快分开	<60%

微波炉测定法,可用微波炉和天平(最好是电子秤)进行测定。测定方法如下。

第一步:称一下能在微波炉安全使用、能容纳100~200克粗料的容器的质量,并记录质量(W_C)。

第二步:取100~200克粗料,放置在容器内称重并记录质量(W_W),样品量越大越准确。

第三步:在微波炉内,用玻璃杯另置放200毫升水,用于吸收额外的热量以避免样品着火。

第四步:把微波炉调到最大挡的80%~90%,设置5分钟,再次称重,并记录质量。

第五步:重复设置5分钟,直到两次之间的质量相差在5克以内。

第六步:把微波炉调到最大挡的30%~40%,设置1分钟,再次称重并记录质量。

第七步:重复设置1分钟,直到两次之间的质量相差在1克以内,这时称得的质量是样品粗料干物质的质量(W_D)。

第八步:计算粗料的含水率D_M。

$$D_M\% = [(W_D - W_C)/(W_W - W_C)] \times 100\%$$

注意在烘烤过程中,如果饲料样品着火,应立即关闭微波炉,拔掉电

源插头,但在样品没有彻底烧完之前不要打开炉门。

2.留茬高度

玉米收割过程中,过低留茬会夹带泥土进而导致青贮腐败,且根部粗纤维含量高、消化率低导致家畜采食量下降,留茬过高则产量低,影响经济效益的同时对耕种也会有影响。相关研究表明,留茬高度在15~20厘米为佳,同时也需要考虑地面平整情况和全株玉米干物质含量。

3.收割机械利用及保养

市场上的青贮玉米收获机的类型主要有悬挂式青贮玉米收获机、牵引式青饲收获机、自走式青饲收获机。根据收获田块的大小、收割青贮玉米的量以及经济实惠的角度来进行机型的选择与利用。在青贮玉米的收获过程中,需注意青贮玉米收获机的规范操作及保养。

(1)青贮玉米收获机的检查。青贮玉米收获机在正式使用前需要做好检查工作,检查的主要内容包括收获机的油量和液压油油面,以保证机器的正常运转;然后检查收获机上所有皮带的张紧程度,最后检查青贮玉米收获机的轮胎是否缺气,如果发现缺气要及时充气,以保证轮胎可以正常地工作。除此之外,还要检查位于滚筒式喂入器前方的金属探测器,当机器作业时遇到金属时探测器会发出警报,防止金属进入机器损坏部件,在检查时先按动金属探测检查按钮,如果发出警报则说明正常。

(2)青贮玉米收获机的作业注意事项。其一是做好作业前的准备工作。为了提高青贮玉米收获机的使用效果,需要制定合适的收获程序,这就需要在作业前观察好所要收割地的情况,包括作物的长势、收获面积以及收获环境等。还要做好收获前的准备工作,如先安装运料车,青贮玉米收获机缓慢倒行,当收获机后方与运料斗前方接口吻合后,再由相关部件将两者连接起来,结合好割台装置,完成准备工作。

其二,在青贮玉米收获机作业时,因玉米地中并没有容纳收获机的车道,因此在机械第一次进地时要先开辟出一个可容收割机转弯的车道,然后运料车跟随收割机在玉米地中进行收获工作。在收获过程中驾驶员要观察好周围的环境,及时清除障碍物,如果遇到无法清除的障碍物,如电线杆这类障碍物时要缓慢绕行。在机械作业过程中如果发现金属探测装置发出警报时,要立即停车,清除障碍物,然后驾驶员方可启动机械继续作业。在收获时,机械是一边收割一边将切碎的青贮玉米由喷料筒喷到运料车上的,从而完成整个收获工作。因此在整个过程中青贮玉米收获机需要与运料车并行,并要随时观察好车距,控制好喷料筒的方向。待运料车装满后需要将收获机暂停作业,再更换运料车。在工作中要注意玉米地内不能有闲杂人进入,在收获过程中如果发现异常要立即停机检查,不可在机械运转时检查,收获过程中运料车上不允许站人。

(3)青贮玉米收获机的保养。每天在机械使用后做好保养工作,从而保证其正常工作。收获机在收获结束后要立即清理机械,先将表面的灰尘和残存物清理干净,然后清理收割机上的空气滤清器的灰尘,在清理完灰尘后进行下一步的保养工作。注黄油,这是青贮玉米收获机的保养关键,作用是润滑机器上的各部件。

青贮玉米收获机在经过一天的作业后,切碎部分会发生不同程度的磨损,所以需要利用机器上配备的磨刀石磨刀,以保证有效地完成切割工作。磨刀工作需要在结束作业后立即进行。接着检查机器上皮带的松紧程度,检查方法是用手压动或者拉动皮带,然后根据实际的松紧程度来进行调整,确保机械再次使用时能正常工作。最后需要检查的是收获机的机油和冷却液液面。良好的日常保养可以提高机械的使用年限,还可以保证收获工作的正常运行,当整个收获期结束以后,除了要做好日常的保养外,还必须彻底清洗机器,然后再入库保存在干燥、阴凉处。

4. 玉米收获

一般田间收割选择在晴天进行,收割前核查收割田块的玉米成熟度指标(即保证收获最佳时期与品质),对田间安全隐患的排查,机械下地前进行检修、保养、备用汽油准备,严格按照收割机械的操作规程进行玉米收获。作业过程中要注意人身安全及机械安全,避免发生安全事故。

青贮玉米的收获根据收割机械的选择利用分为直接收获法与二次收获法。直接收获法是用悬挂式青贮玉米收获机或带有玉米割台的牵引式或自走式青贮饲料收获机,收割在田间直立生长的整株玉米,直接切碎并将其抛送到普通拖车或专用青贮饲料拖车中,然后运送到贮存地点直接打捆、压实、排气、密封。二次收获法是先用手工或玉米割晒机将青玉米割倒在田间,然后运到场上用固定式青玉米饲料切碎机进行切碎、压实、打捆、密封。当前较大面积种植地区及部分农村畜牧企业主要采用直接收获法收获青贮玉米,主要利用专门收获玉米青贮饲料的机型一次完成一行玉米的喂入、切碎和抛送、装车等流程作业,自走式收获机及收割过程见图6-2。

图6-2 自走式青贮玉米收获机及其收割作业

二 青贮玉米的运输

青贮玉米运输根据量的不同选择不同吨位的货车进行装运,在玉米收割前准备好稳定的运输车队,在玉米收割的同时对接玉米收获机进行青贮玉米原料的装车。一般情况下,青贮玉米运往裹包加工场地的运距保持在10千米以内,运输过程中为防止水分蒸发,保持收割玉米的新鲜度,采取黑色遮阳布(网)覆盖,同时做好玉米的固定和遮挡,减少运输过程中的损耗,整个运输过程中都要注意货车的车厢卫生,防止有杂物掺入影响青贮玉米的品质。运输到指定场地后,根据场地要求进行玉米原料的卸车堆放,需注意不同品种的分类堆放、卸车的彻底性。青贮玉米原料的装运及卸载如图6-3所示。

图6-3 青贮玉米的装运及卸载作业

第二节 青贮玉米裹包前的准备

一 场地准备

青贮玉米裹包场地应选在地势较高、较干燥、排水容易、地下水位

低、取用方便的地方,要求加工场地要平整、硬化,离收获玉米的田块距离较近,周边交通便利。同时,根据需要裹包的青贮玉米的量筛选有足够的面积堆放青贮玉米原料、青贮玉米裹包及放置青贮玉米裹包机械的场地,该场地最好是可封闭式管理的,便于后期青贮玉米裹包保存与管理,如图6-4所示。在青贮玉米原料进场进行裹包作业前,将场地清扫干净,为裹包创造好的操作环境。

图6-4 青贮玉米裹包的封闭式场地

二 裹包机械准备

在青贮玉米裹包作业前,根据需要选择具体裹包机品牌及型号,并做好裹包机械的检查、清理、维修保养、调运、场地安装等工作。目前常选用的、较便捷的青贮玉米裹包机械为打捆包膜一体机,也叫拉伸膜裹包青贮机。拉伸膜裹包青贮机是将收割后的新鲜的玉米植株切碎后,用打捆机进行高密度压实打捆,然后通过裹包机用青贮塑料拉伸膜进行裹包,形成一个厌氧的发酵环境。经2~3周最终完成乳酸菌自然发酵的生物化学过程。青贮拉伸膜裹包机械在生产中可以实现全自动的流程作业,将切碎后的青贮玉米原料一次性完成打捆、包膜,工作效率较高。但是操作人员需熟练掌握机械相关操作技术,如适时调节主机与打捆机的连接位置、检查裹包膜是否及时安装等。在操作过程中,配备保护螺丝及刀片等相关配件,以备出现配件受损时及时更换,保障裹包机械的正常运转。

目前性能较好、市场占有率高的拉伸膜裹包机品牌主要有奥库(Orkel)、高威尔(GOWEIL)等。现介绍一款奥库(Orkel)MP2000-X青贮饲料裹包机(图6-5)。

图6-5 奥库(Orkel)MP2000-X青贮饲料裹包机

1.操作原理及过程

运输至压缩室:物料从拖车、前端装载机或工厂传送带倒入进料斗,然后带自动控制的链条传送机利用钢铁载料机将物料运输至压缩室。

压实:压缩室内专门设计的传送带可以防止各种形式的物料溢出,同时钢棍和高压室的设计能保证捆包达到最大密度。自动润滑的轴套能防止灰尘与水分破坏,延长使用寿命。

宽薄膜包装:压实之后使用宽薄膜或网袋包紧捆包,维持捆包的形状与密度。压缩室打开后,在包装台上使用预先设定好层数的薄膜密封物料捆包。最后捆包滚至地面上,一次可以捡起1~3个,可以将8个捆包摞在一起。

捆包二维码标签器【选项】：安装Orkel Precision后，NIR传感器将进入腔室的饲料扫描。这些参数将上传到云端存储，可以用手机或电脑查询，还可以从在捆包平面侧自动放置的RFID标签查询数据。使用智能手机可以扫描打包的数据和内容。

2.技术参数

Orkel MP2000-X压实机用最先进的液压作为运行动力，电源供应来自于拖拉机或电机（电源组PP55），可轻易地在数分钟内从裹包作业到驱使动态。详细的技术参数见表6-3。

表6-3　Orkel MP2000-X技术参数指标

动力需求	＞120马力拖拉机或>Orkel配电机功率55千瓦
总重量	9 960千克*
捆包体积	1.25米³
捆包直径、宽度	11厘米（直径）、120厘米（宽度）
捆包重量	500～1 400千克**
捆包数/小时	高达66包**
仓室链辊	17润滑滚筒
链辊支撑系统	轴衬，自动上油
捆膜支架	高达15捆膜
液压制动器	最高时速40千米/时
带ABS的空气制动器	最高时速80千米/时（可选项）
运行动力	液压系统，使操作、调试更灵活
控制系统	7″防水、防尘、直观的触摸屏

*:取决于规格；**:取决于材料。

三　原料准备

玉米裹包的填充原料要求无污染、无泥土、无霉变、优质鲜嫩。收割后的玉米用青贮收获机或打捆一体机进行切碎处理，切碎后的玉米便于裹包压紧，方便取用，家畜易于采食，且减少采食过程中的浪费。同时，玉米秸秆和玉米籽粒揉切后，植物细胞渗出液湿润表面、糖分溢出附在表层，有利于乳酸菌的生长繁殖。

玉米青贮过程中，切碎长度对其青贮品质有一定的影响。研究发现，裹包青贮过程中切太短会影响打捆及裹包的质量，同时造成大量营养物质流失，影响奶牛的乳脂率；切太长会影响青贮饲料的打捆密度而导致干物质损失增加，发酵不成功。相关研究结果显示，1.5厘米切割长度可提高青贮压实程度，缩短发酵时间，提高青贮品质，一般建议全株玉米青贮切割长度为0.95～1.9厘米为宜。切割长度越短，干物质含量越高，分级筛上层比例越小（表6-4）。同时，最好采用带籽粒压扁或破粒装置的青贮收获机，可将一颗籽粒破碎成4瓣，否则，玉米籽粒往往不能被奶牛消化而排出体外。

表6-4 玉米青贮切割及籽粒破碎推荐标准

干物质含量(%)	切割长度(毫米)	籽粒破碎(毫米)	分级筛上层比例(%)
<27	17	—	17
28～31	11	2	15
32～35	9	1	10
>36	5	1	8

青贮原料在收获时，要适时把握其含水量，含水量是决定青贮成败的关键因素之一，一般控制在65%～70%，可减少干物质的损失，并为乳酸菌发酵提供良好的环境。含水量的测定方法参照第六章第一节中的手工粗略估计法与微波炉测定法进行玉米原料的水分测定及准备。当青贮原料含水量较低时，可将较干的原料与新鲜、多汁的玉米原料交替裹包，也可在粉碎后用喷雾器均匀少量喷洒水分，将原料水分提高到适宜的含量，一般不建议喷洒水，需把握水分关键期。青贮原料含水量较高时，可采取晾晒原料、混合青贮、在青贮底部铺垫一定厚度的干草来吸

收原料的水分等措施。

四、青贮剂准备

根据青贮剂的种类以及青贮饲料裹包品质需求,选择准备适宜的青贮剂作为青贮添加剂来保障青贮玉米饲料的发酵品质。在青贮过程中,常用的添加剂主要是微生物菌剂、有机酸等,其他种类的添加剂可依据玉米原料的具体情况如干湿度、不同收获期等酌情添加。青贮接种的微生物菌有很多种类型,它们可以加速酸化以保持饲料营养价值和保护青贮安全,或者通过抑制酵母和霉菌提高青贮饲料的有氧稳定性。霉菌和酵母是导致青贮玉米发热、pH升高、干物质损失增加的主要原因。因青贮的玉米干物质含量较高(＞30%),选择具有抑制霉菌和酵母生长的特殊菌种(如丙酸菌)较为理想。根据青贮裹包制作的量,提前准备匹配适量的青贮剂。目前市场上的青贮剂产品较多,选择青贮产品前需认真调研该产品的口碑及市场利用情况,在使用前认真阅读使用说明,确定正确的添加方法及用量,同时注意青贮剂的日常存放与保存,现展示一款微生物青贮添加剂的青贮剂产品,见图6-6。

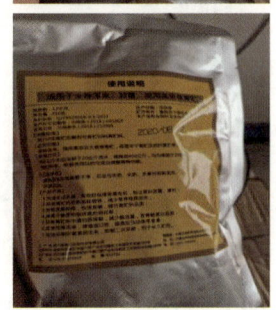

图6-6 青贮传奇品牌青贮添加剂产品

五、裹包膜的选择与准备

裹包膜在青贮玉米裹包饲料生产中起着至关重要的作用,由线性低密度聚乙烯(LLDPE)树脂制成,它具有良好的伸缩和黏附性能(55%～70%的拉伸性),具有良好的气密性和遮光性,能够抵抗各种天气条件下的紫外线辐射。含有光稳定剂：TiO_2和受阻胺类光稳定剂（HALs），能在户外放置至少1年不变性，具有良好的抗穿刺能力。如C8树脂膜，厚度为25微米、30微米或35微米；宽度为25厘米、50厘米或75厘米；长度为1 500米/捆或1 800米/捆；颜色为白色、黑色、绿色。树脂分子链中碳原子的个数越多则气密性越好，如C8树脂膜优于C6或C4树脂膜。

选用的裹包膜要求：具有良好的机械性，特别高的耐穿刺性，足够高的拉伸强度，较高的黏附性，性质稳定不透明，能抗阳光（紫外线）损伤；一般禁止使用再生塑料生产的拉伸膜。市场上拉伸膜的颜色主要分为白色、黑色、绿色3种，目前黑色、白色较受青贮玉米饲料加工及利用商、消费主体的青睐。在青贮玉米裹包作业时根据用量提前准备好裹包膜的定制与供应，青贮玉米裹包制作过程需要的拉伸膜有内膜与外膜两种，厚度要求有一定的区别，一般外膜要比内膜稍微厚一点，如图6-7所示。

图6-7 青贮玉米裹包的内膜与外膜

第三节 裹包制作

一、裹包制作流程

1. 切碎

收获的青贮玉米需利用青贮玉米收获机直接切碎或收获后再利用专门的切碎机进行切碎,玉米植株秸秆的切碎长度及玉米籽粒的破碎程度见本章第二节的表6-4,一般建议植株切碎长度为1~2厘米,籽粒碎成4瓣,且破碎率达到100%,否则影响饲料的饲喂质量,一般牧场养殖基本要求全株玉米青贮的玉米籽粒要完全破碎。收获的原料及时切碎,从原料收获到打捆,建议不得超过4小时,切碎作业不得带入泥土等杂物。以下附切碎青贮玉米的切碎图片供参考(图6-8)。

图6-8 切碎的全株青贮玉米裹包原料

2. 添加青贮剂

选择好青贮剂后,青贮的效果还取决于所选择的剂型(液态优于固态)及添加的均匀度(自动添加优于手工操作)。通常可用水将接种剂粉末溶解后配成溶液使用或者直接使用颗粒状的同体。当手工操作时使用颗粒状的比使用液体状的更容易操作。然而液体状的利用率更高,同样加入原料,液体中的细菌复活更快,也易于在干物质含量较高的青贮玉米中均匀分布。添加青贮剂的方法主要有手工操作与自动添加两种。

(1)手工操作添加方式。估测每一车待青贮的玉米的重量,准备够一车用的颗粒接种菌装在桶里,将整车原料分批倒在青贮场地时,迅速将颗粒状接种剂均匀撒入青贮玉米原料中。液态产品使用方法和颗粒接种菌方法相同,但需要有一个喷洒容器或喷雾装置,以盛装稀释好的够一车青贮玉米使用的液体青贮剂,喷洒时每吨原料用量要超过1升才能保证喷洒均匀。

(2)自动添加方式。专门用于添加颗粒青贮剂或液体青贮剂的设备可直接安装在收割机上。使用前对设备进行校正,保证给原料投放适宜数量的青贮剂。使用过程中要检查料斗中青贮剂的余量是否够用,并确保其顺利流动。连有200升贮液罐(如400吨青贮玉米,每吨添加0.5升)的"蠕动泵"型旋转式喷灌器添加设备,是有效运用液体接种菌的理想选择。

3.打捆

添加青贮剂的切碎玉米原料由打捆机进行打捆,草捆压缩率不低于40%,容重600~700千克/米^3。打捆要迅速、均一,不得带入外源性异物。打捆的主要目的是将物料间的空气排出,最大限度地降低玉米原料的好氧发酵。打捆时机械的压力一定要打足,打捆后要用捆网把草捆固定,以免散开。一般在场地上进行青贮玉米打捆裹包时需利用小型铲车进行玉米裹包原料的铲投,即将场地上堆放的玉米原料利用铲车铲起后投放到裹包机械的原料斗内,且需根据裹包机的加工速度匹配铲车的数量及供应能力,保障青贮玉米裹包的高效制作,同时也可对场地的玉米原料进行整理堆放,操作见图6-9。

图6-9 场地青贮玉米原料的投放

4.裹膜

青贮裹包的水分不易损失,更多地保留了原料中的成分,水分损失极小,一次性装料少,用多少开多少,不易引起浪费,大户、小户均可使用。此外,青贮裹包搬运方便,可以商品化、规模化制作。在打捆后的青贮玉米外包裹塑料膜进行密封是青贮裹包的最后一道程序。相当于传统青贮的覆盖密封过程,与传统的青贮方法相比少了装填和压实的过程。

在生产实践中,打捆机和裹包机配合使用,或者利用打捆包膜一体机进行流水作业,先打捆、后包膜。且在打捆后要立即进行裹膜,不要长时间放置,建议越快越好,裸露的时间不超过1小时。所使用的专业裹包膜应具有拉伸强度高、抗穿刺强度高、韧性强、稳定性好及抗紫外线等特点,一般厚度为0.025毫米,拉伸比范围为55%~70%,裹包时包膜层数为4~8层,裹包时拉伸膜必须层层重叠50%以上。通过拉伸膜裹包起来,造成一个最佳的发酵环境,处于密封状态。在厌氧条件下,经2~3周,最终完成乳酸型自然发酵的生物化学过程,达到玉米青贮的目的。青贮玉米裹包作业见图6-10。

图6-10 青贮玉米裹包作业

二 裹包制作注意事项

1. 原料的选择与清洁

在进行青贮玉米裹包时,需注意选用专用或可粮饲兼用的青贮玉米品种,且根据需求的量及质量提前筛选玉米田块,从源头保障青贮玉米裹包生产的质量。青贮原料要保证清洁,尽量避免混入泥土或干树叶、杂草等物质,更要杜绝玻璃、钢钉等异物混入其中。

2. 青贮含水量与干物质的含量

适期收割控制原料的含水量与干物质含量,在裹包制作过程中基本按照"一车原料测定一次"的原则进行原料含水量与干物质的测定,若不符合质量指标要求及时做出调整方案。

3. 保证厌氧的环境

乳酸菌决定着青贮饲料的质量及其适口性,在青贮发酵过程中,必须关注乳酸菌生成的情况,乳酸菌是厌氧菌,因此,一定要保证青贮饲料在厌氧的环境下进行发酵。要保证厌氧的环境,就要求裹包的密封性好、裹包操作过程短、原料干净等。

4. 控制适宜的温度

青贮原料装填后,玉米植株仍然在呼吸,碳水化合物经氧化分解为水和二氧化碳的过程中会释放大量的热量,因此,青贮的适宜温度为 25~30℃,过高或过低的温度都不利于乳酸菌的繁殖,进而影响青贮的品质。

5. 其他注意事项

在青贮裹包生产过程中需提前配备流程机械与专业机手,严格按照机械的操作流程进行操作,同时由专业人员时刻关注机械是否良性运转。过程中若出现破包的现象应及时进行补救,即重新裹包。及时清理场地上的杂物,如裹包膜的包装纸袋,并保证场地上无闲杂人员进入,保证裹包工作正常有序开展。总之,要在生产过程中关注所有环节,保障青贮玉米裹包加工作业的顺利完成。

▶ 第四节 裹包堆放与贮存

一 青贮玉米裹包的转运与堆放

青贮裹包制作后一般由小型的夹包机械运输到存放场地存放,如果裹包的场地比较大或者离裹包堆放的地方较远,可借助平板摆渡车来摆渡运输,但两头都要由夹包机来上车和卸车堆放。堆放的场地一般要求较平坦、地面板结、不易进水等。青贮裹包可采用露天堆放,也可采用建筑内堆放,一般采用竖式两层堆放贮藏的方式,同时在堆放及转运过程中发现破损包应及时进行修补。具体的裹包运输与堆放见图6-11。

图6-11 青贮玉米裹包的转运与堆放

二 青贮玉米裹包的贮存

裹包后的全株玉米经过4~6周完成发酵形成青贮饲料。在青贮发酵过程中,应经常检查青贮裹包的完好度与密封度,发现破损应及时修补,防止薄膜破损、漏气及雨水进入,另外要做好防鼠啃食及小鸟啄食。在室外田间堆放的裹包还需注意由其他人为因素造成的破坏性损坏,做好青贮玉米裹包监管(图6-12)。

图6-12 贮存的青贮玉米裹包

第七章 玉米青贮裹包质量评价与饲喂管理

第一节 玉米青贮裹包品质评定

一、感观评定

感观评定主要是指用感观考察青贮饲料的气味、颜色和质地等来评判玉米饲料品质的好坏,这种评定级别分为优、中、一般与劣(见表7-1)。这种方法直接、快速,生产实践中也比较常用。一般来说,品质优良的玉米青贮颜色呈黄绿色或青绿色,具有芳香的酒酸味,在青贮包里压得紧密,用手拿起时松散、柔软、湿润、不粘手,茎叶保持原状,容易分离,籽粒破碎率高。

表7-1 青贮玉米饲料感观评价表

评价级别	评价项目		
	色泽	气味	质地
优	青绿/黄绿色	芳香的酒酸味	湿润、紧密、茎叶保持原状,籽粒破碎率高,容易分离
中	亮黄色	淡酸味,香味淡	茎叶部分保持原状,柔软、水分稍多,籽粒破碎较多
一般	黄褐色,或暗褐色	刺鼻的酒酸味	茎叶小部分保持原状,较柔软,籽粒破碎较少,略带黏性
劣	黑色、褐色或暗墨绿色	具有特殊刺鼻的腐臭味或霉味	腐烂、污泥状、黏滑或干燥,或黏结成块

现场感观鉴定青贮玉米的品质,必须采取正确的采样方法,才能使样品的茎叶比例、发酵水平、水分含量等在结构和质地等方面都具有代表性。取样时,先将取样部位表面约30厘米的饲料除去,然后用锐利的刀切取20厘米左右的正方形青贮饲料样品,切忌随意掏取,采后马上把料填好,以免空气进入导致腐败,裹包破损处用胶布封口或用其他方式进行密封。

按评定的各个指标,在色泽方面,优质的青贮饲料非常接近于作物原来的颜色,若青贮前作物为绿色,青贮后仍为绿色或黄绿色为最佳。优良的全株玉米青贮饲料呈黄绿色或青绿色。中等的玉米青贮饲料呈褐色或暗棕色。品质较差的一般呈暗色、褐色、黑色或黑绿色。在气味方面,品质优良的青贮玉米饲料通常具有轻微的酸味和水果香味,这是由于存在乳酸所致。若有腐臭味或令人作呕的气味,说明产生了丁酸。霉味则说明压得不实,空气进入引起了霉变。出现类似猪粪尿的气味,则说明蛋白质已大量分解。在质地结构方面,优良的青贮玉米饲料质地紧密、湿润,植物的茎叶应当能清晰辨认,保持原来形状。若结构被破坏及质地松散并呈黏滑状态,是玉米青贮饲料严重腐败的标志。青贮玉米饲料的玉米籽粒要求大部分破碎,未见完整籽粒。

二 理化评定

青贮玉米饲料的理化评定需要在实验室进行,可以称为实验室评定。主要是以化学分析为主,测定指标包括干物质、pH酸碱度、淀粉、纤维、粗蛋白、有机酸(乙酸、丙酸、丁酸、乳酸)的总量和构成比例等,以判断发酵的情况。在实验室评定时往往以测定氨态氮的含量来反映青贮饲料中蛋白质及氨基酸分解的程度,常用氨态氮与总氮的比值来分析,比值越大,说明青贮饲料中蛋白质分解越多,青贮品质越差。在生产实

践中,因受条件所限,测定指标往往不全面,因为干物质含量关系到日粮的精确配比、玉米籽粒淀粉的含量以及全混日粮种水的适宜添加量,而pH酸碱度则是反映青贮饲料是否发酵良好和稳定的指标,所以建议进行实验室测定。

1. 测定样品的采集

对青贮玉米饲料的实验室检测样品的采集一定要具有代表性,可适用测定全部的理化指标。一般采取9点取样法,若是青贮玉米裹包取样尽量结合饲喂需求,进行开包取样,可参照9点取样法。开包堆放后,除去青贮堆放表层的料层,然后将青贮料上、下、左、右边层50厘米排除后进行取样,取样的量不少于2千克,然后用四分法获得代表性样品500~1 000克。也可采用四分法进行取样,即对充分混匀的或完成加工生产的青贮饲料的样品进行取样,把整个样品均匀放在一个干净的面(纸或塑料)上,分成4份,选择并保留对角线上的2份。如果样本量很大,继续按照上述方法分割,直到达到合适的量。取得的样品应及时送交实验室分析,如果取样地距离实验室较远,须将样品封入自封袋中,排除空气,置于冰盒中带回实验室。取回的样品宜立即处理分析,或置于冰箱中冷冻保存。采集样品的质量标准参见GB/T 14699.1—2005,详情见表7-2。

表7-2 采集青贮饲料样品质量标准

产品种类	最小的总分样量	最小的缩分样量	最小的实验室样品量
青贮粗饲料	16千克	4千克	1千克

2. 理化指标检测

(1)干物质检测。对干物质的测定直接关系到青贮饲料中的有效成分的含量,能够反映青贮饲料是否有养分损失以及是否在最适宜的时间收割与青贮,干物质是衡量青贮玉米饲料品质的最主要指标。青贮饲料干物质的测定方法包括甲苯蒸馏法、直接干燥法和微波炉测定法等。其中,直接干燥法与微波炉测定法较为常用。

青贮玉米裹包饲料是由干物质与水分组成,水分主要以游离水的形式存在,除去大部分游离水的饲料样本称为"风干样本",除去全部游离水的饲料样本称为"绝干物质样本"。以下为主要的干物质测定方法,即直接干燥法与微波炉测定法。

直接干燥法:

仪器设备:植物样品粉碎机;孔径0.42毫米(40目)试验筛;分析天平(感量0.0001克);温度可控制在103℃±2℃;直径50毫米、高30毫米的玻璃(或铝质)的称量皿;变色硅胶干燥剂作为干燥器。

样品制备:将采集的代表性样品用四分法缩减至300克(样品重量记为W_2),并盛放于托盘中称重(托盘重量记为W_1),置于103℃烘箱中快速烘15分钟,而后立即放到65℃烘箱中,烘5~6小时,取出后,在室内空气中冷却1小时,称重(此次托盘和样品总重记为W_3),即得风干试样。

风干试样干物质含量(%)=$(W_3-W_1)/W_2×100$

将风干样品粉碎至40目,再用四分法缩至100g,装入密封袋内,放在阴凉、干燥处保存,以备测试。

测定步骤:将称量皿洗净,将50毫米×30毫米玻璃称量皿在103℃烘箱中烘1小时后取出,在干燥器中冷却30分钟后称量,准确至0.0002克,再烘30分钟,冷却、称重,直到2次称重之差小于0.0005克为恒重。

接下来将恒重的玻璃称量皿记录,称取2份平行试样,每份称2克左右的样品并记录,准确至0.0002克,在103℃烘箱中烘3小时(以温度达到103℃开始计时),取出后放在干燥器中冷却至室温再称重,同样的方法再烘1小时,冷却称重,直至2次称重之差小于0.002克。

结果计算:原试样干物质含量(%)=风干试样干物质含量(%)×

(103℃烘干后试验及玻璃称量皿重-已恒重的玻璃称量皿重)/103℃烘干前试样重×100%。

微波炉测定法：

仪器设备：家用微波炉；0.1克的分析天平。

样品制备：将采集的代表性样品用四分法缩减至<50克，即为试验样品。

测定步骤：首先称重微波炉中玻璃托盘，归零；然后将样品放置在玻璃托盘上进行称重、记录重量，记为初始重量。接下来将样品进行多次烘干，直至恒重。一般第一次烘干90秒、第二次烘干45秒、第三次烘干35秒、第四次烘干30秒，以此重复步骤直至样品重量达到恒重，记录最终重量。

结果计算：干物质(%)=[1-(最初质量-最终质量)/最初质量]×100%。

注意事项：样品重量需在50克以下；微波炉使用最大火力；持续短时隔加热，间隔时间10~20秒，防止饲料自燃；样品需均匀分开，不能堆积，否则，受热不均匀；每次取出称重时，不需要再冷却；破碎玉米籽粒表皮，以便能完全烘干；在微波炉中放置1杯水，否则，会降低测定样品的干物质含量。

根据青贮玉米饲料的干物质含量，可将青贮玉米饲料质量分为3个级别，分别为一级、二级与三级。详细分类见表7-3。

表7-3 青贮饲料中干物质判定标准

干物质(%)	等级划分
>35	一级
28~32	二级
<28	三级

(2)酸碱度(pH)。pH能够反映青贮饲料发酵的整体效果,是青贮饲料品质评定中最常见的测定指标,具体判定标准见表7-4。一般情况下,pH低反映青贮发酵效果好,pH高可能由2个原因造成:一是原料干物质含量高于35%;二是发酵不完全,如饲料原料中的碳水化合物含量太低、青贮时的环境温度低、密封不严以及暴露于环境下等。

表7-4 玉米青贮pH判定标准

项目	pH及评分
优等	3.4(25)、3.5(23)、3.6(21)、3.7(20)、3.8(18)
良好	3.9(17)、4.0(14)、4.1(10)
一般	4.2(8)、4.3(7)、4.4(5)、4.5(4)、4.6(3)、4.7(1)
劣等	4.8以上(0)
备注:总配分为25分。	

pH的测定方法主要有酸度计测定法和pH试纸比色测定法。酸度计测定法测定结果较准确,但要求有仪器设备;而pH试纸法的操作简单,而且成本较低,但测定结果可能存在一定偏差。具体操作方法是将代表样品用四分法缩减至约20克,酌情剪短至5~10毫米,置于组织捣碎机中,加入蒸馏水180毫升,捣碎、均匀搅拌1分钟,浆液用4层医用纱布包裹充分挤压,然后用滤纸过滤,滤液供酸度计或pH试纸测定。

(3)氨态氮。一般发酵良好的青贮玉米饲料里氨态氮与总氮的比值应在5%~7%,但在生产实践中基本达不到这个水平,一般在10%~15%。按照比值对青贮饲料的品质进行评分,参考表7-5。

表7-5 用氨态氮评分法评定青贮质量标准

氨态氮/总氮(%)	评分	氨态氮/总氮(%)	评分
<5.0	50	15.1~16.0	22
5.1~6.0	48	16.1~17.0	19
6.1~7.0	46	17.1~18.0	16
7.1~8.0	44	18.1~19.0	13
8.1~9.0	42	19.1~20.0	10
9.1~10.0	40	21.1~22.0	8
10.1~11.0	37	22.1~26.0	5
11.1~12.0	34	26.1~30.0	2
12.1~13.0	31	30.1~35.0	0
13.1~14.0	28	35.1~40.0	−5
14.1~15.0	25	>40.1	−10

氨态氮与总氮含量主要采用凯式法进行测定,测定方法如下:

取均匀采集的青贮饲料样品若干,记为A_g(约等于15克干物质的量),放入200毫升广口三角瓶中,加塞;加入灭菌蒸馏水若干毫升,记为B毫升(一般为140毫升)后,冰箱内浸泡24小时,其间摇晃三角瓶至少4次,以保证浸泡完全。取出三角瓶,将提取物用80目涤纶筛网过滤,并将残渣中的提取液挤尽,将滤液部分作为分析用提取液。上述方法制得的提取液1毫升,相当于青贮饲料$[(A/B+A) \times M/100]$克,其中,M为样本干物质含量。不能立即分析的试样,应置于−20℃冰箱中保存。接着测定总氮的含量及氨态氮的测定,取得的提取液5毫升,不经硫酸化,直接进行蒸馏、定量。

氨态氮的测定方法:

设备与材料:紫外分光光度计;粉碎榨汁机;振荡器;纱布、滤纸;三角瓶、漏斗、200毫升量筒、100毫升容量瓶、试管;移液枪、枪头;水浴锅;烘箱;天平、电子秤。

所需试剂:一是苯酚溶液,称取0.15克的硝普钠,用适量的蒸馏水溶解,之后加入29.7克的结晶苯酚,用蒸馏水定容到3升,贮存在棕色玻璃瓶中备用;二是次氯酸钠溶液,称取15克NaOH,用适量蒸馏水溶解,加入113.6克的$Na_2HPO_4 \cdot 7H_2O$,用中火加热溶解。冷却后加44.1毫升次氯酸钠溶液(含8.5%活性氯),混匀后定容到3升,最后将过滤后的滤液贮藏在棕色的试剂瓶中备用;三是标准铵溶液,将0.6607克在100℃条件下烘24小时的$(NH_4)_2SO_4$粉末用蒸馏水溶解,定容到100毫升,配制成浓度为100毫摩尔/升的铵标准液。把上述标准液稀释,配置成5种不同浓度的标准液(1毫摩尔/升、2毫摩尔/升、3毫摩尔/升、4毫摩尔/升、5毫摩尔/升)。

测定方法:采用苯酚-次氯酸钠法测定氨态氮含量。在青贮样品开封时,用四分法获取10克样品,将称取的样品放入料理机中,加入90毫升蒸馏水,匀浆1分钟,然后将匀浆液过4层纱布,滤液在3500 rmp条件下离心15分钟,取上清液用于游离氨基酸与氨态氮的测定。

将50微升稀释适当倍数的标准液或者样品液加入到试管中,以蒸馏水作为空白对照;加2.5毫升苯酚溶液到每支试管中,震荡摇匀后加入2毫升的次氯酸钠溶液,再次震荡混匀;之后将混合液放在95℃的水浴中反应5分钟显色,冷却后,在波长630毫米比色。

(4)有机酸。有机酸含量及其构成,反映青贮发酵过程及青贮品质的优劣,与青贮原料的干物质含量密切相关。生产上经常测定的有机酸包括乳酸、乙酸和丁酸等。发酵良好的青贮饲料中,乳酸含量应当占总酸量的60%以上,并占青贮干物质的3%~8%;乙酸含量占干物质的1%~4%;丁酸水平应接近于0%。乳酸与乙酸的比例应高于2:1。有机酸含量分值见表7-6。

表7-6　玉米青贮饲料有机酸含量分值

占总酸比例(%)	评分			占总酸比例(%)	评分		
	乳酸	乙酸	丁酸		乳酸	乙酸	丁酸
0.0~0.1	0	25	50	28.1~30.0	5	20	10
0.2~0.5	0	25	48	30.0~32.0	6	19	9
0.6~1.0	0	25	45	32.1~34.0	7	18	8
1.1~1.6	0	25	43	34.1~36.0	8	17	7
1.7~2.0	0	25	40	36.1~38.0	9	16	6
2.1~3.0	0	25	38	38.1~40.0	10	15	5
3.1~4.0	0	25	37	40.1~42.0	11	14	4
4.1~5.0	0	25	35	42.1~44.0	12	13	3
5.1~6.0	0	25	34	44.1~46.0	13	12	2
6.1~7.0	0	25	33	46.1~48.0	14	11	1
7.1~8.0	0	25	32	48.1~50.0	15	10	0
8.1~9.0	0	25	31	50.1~52.0	16	9	−1
9.1~10.0	0	25	30	52.1~54.0	17	8	−2
10.1~12.0	0	25	28	54.1~56.0	18	7	−3
12.1~14.0	0	25	26	56.1~58.0	19	6	−4
14.1~16.0	0	25	24	58.1~60.0	20	5	−5
16.1~18.0	0	25	22	60.1~62.0	21	0	−10
18.1~20.0	0	25	20	62.1~64.0	22	0	−10
20.1~22.0	1	24	18	64.1~66.0	23	0	−10
22.1~24.0	2	23	16	66.1~68.0	24	0	−10
24.1~26.0	3	22	14	68.1~70.0	25	0	−10
26.1~28.0	4	21	12	>70.0	25	0	−10

青贮饲料中有机酸含量的测定方法如下：

设备与材料：液相色谱仪及KC-811色谱柱（规格为30毫米×8毫米，检测型号为SPD-M10AVP）；离心机；粉碎榨汁机；纱布、滤纸、过滤器、0.45微米滤膜；三角瓶、漏斗、200毫升量筒；天平、电子秤。

所需试剂：乳酸、乙酸、丙酸及丁酸标准品；定容至1 000毫升容量瓶中的高氯酸。

测定方法：使用SHIMADZE-10A型等高效液相色谱分析乳酸、乙酸、丙酸和丁酸的含量。

样品前处理：青贮样品开封时，用四分法获取10克样品，将称取的样品放入料理机中，加入90毫升蒸馏水，匀浆1分钟，然后将匀浆液过4层纱布，滤液在3 500 rmp条件下离心15分钟，取上清液5毫升过0.45微米的滤膜，滤液用于有机酸分析。

液相色谱柱所用流动相为浓度3毫摩尔/升的高氯酸溶液，设定流速为1毫升/分钟，设定柱温为50℃，设定检测波长为210纳米，每个样品进样量为5微升。

计算方法：

有机酸含量=$[180+w\times(1-a)]/w\times p\times 10$的公式中，$p$为仪器测定值(%)；$w$为取样重；$a$为样品的干物质含量。

重复性：每个试样取两个平行样测定，以其算术平均值为结果。

将pH酸碱度评分、氨态氮评分及有机酸评分相结合，规定各占25%、25%和50%，根据各指标得分可得出综合得分，主要包含青贮饲料中蛋白质和碳水化合物两方面的信息，根据得出的综合分数来确定青贮玉米饲料的质量，详细得分评价见表7-7。

表7-7 青贮饲料综合得分表

综合得分（分）	75～100	51～75	26～50	<25
质量等级	优等	良好	一般	劣质

(5)纤维。青贮饲料中的纤维包括半纤维素、纤维素、木质素，其中，半纤维素可部分被反刍动物消化利用，纤维素较难被消化利用，而木质素不能被消化利用。良好的青贮玉米中的中性洗涤纤维含量应为36%～50%(DM基础)，酸性洗涤纤维含量为18%～26%(DM基础)。品质较好的青贮玉米中含有的中性洗涤纤维、酸性洗涤纤维应分别小于45%、20%。

青贮饲料测定方法:1967年美国著名科学家Vansoest提出了"洗涤纤维"的概念,即通过中性洗涤剂和酸性洗涤剂将纤维分为中性洗涤纤维(NDF,其中含有半纤维素、纤维素、木质素以及少量硅酸盐)、酸性洗涤纤维(ADF,含有纤维素、木质素以及少量硅酸盐)、木质素(ADL)和少量硅酸盐。中性洗涤纤维与酸性洗涤纤维参照GB/T 20806—2006,NY/T 1459—2007的测定。

所需设备及材料:纤维测定仪;烘箱;粉碎机;天平。

所需试剂:

中性洗涤剂:称取18.61克二水合乙二胺四乙酸二钠和6.18克十水合四硼酸钠一同放入1 000毫升的烧杯中,之后加少量蒸馏水,缓慢加热溶解,再加入30克的十二烷基硫酸钠及10毫升的乙二醇乙醚。称取4.65克的无水磷酸氢二钠,放置在另外一个烧杯里,加入少量蒸馏水,加热溶解后全部倒入前一个烧杯中,稀释至1 000毫升。

酸性洗涤剂:准确称取20克的十六烷基三甲基溴化铵加到已经标定好的1 000毫升的0.5摩尔/升的硫酸(H_2SO_4)溶液中,摇动溶解。

测定方法:

样品前处理:取20克青贮样品,在65℃烘48小时至恒重,粉碎后过40目筛备用。

操作步骤:用耐溶剂的记号笔给滤纸袋(AN-KOM F57)编号称重。称取0.5克样品粉末于滤袋中,用封口机封口。将一个空白滤袋(C_1)和样品放入纤维分析仪器(ANKOM 220)中,开启程序(NDF或ADF),结束后,将滤纸袋取出,用丙酮冲洗,105℃烘箱烘3小时至恒重后,冷却后称重(m_2)。试验样品中的中性与酸性洗涤纤维重量分数按以下公式计算:

$$NDF(\%) \text{或} ADF(\%) = [m_2 - (m_1 \times C_1)] \times 100 / m$$

备注:m_1为空袋重量,m为样品重量,m_2为提取处理后样品残渣+滤袋重量；C_i 为空白袋子校正系数(烘干后重量/原来质量)。

(6)淀粉。饲料中淀粉含量的测定对于研究反刍动物对碳水化合物营养代谢与调节具有重要意义。良好的青贮玉米中淀粉的含量约为30%。由于全株青贮玉米中淀粉含量与植株上的玉米籽粒成熟度密切相关，因此，也与青贮原料的干物质含量显著相关。

测定方法：测定作物中淀粉含量的方法有国标法(GB/T 5009.9—2008，包括酶水解法和酸水解法)、还原糖法、比色法和旋光法等。此处介绍常用的酶水解法。

试剂：0.5%淀粉酶溶液。称取淀粉酶0.5克，加入100毫升水溶解，滴入数滴甲苯或三氯甲烷，防止长霉，贮于冰箱中；碘溶液：称取3.6克碘化钾溶于20毫升水中，加入1.3克碘，溶解后加水稀释至100毫升；乙醚；85%乙醇；6N盐酸，量取50毫升盐酸加入稀释至100毫升；甲基红指示液(0.1%乙醇溶液)；碱性酒石酸铜溶液(甲液)，称取34.639克硫酸铜($CuSO_4 \cdot 5H_2O$)，加适量水溶解，0.5毫升硫酸，再加水稀释至500毫升，用精制石棉过滤。碱性酒石酸铜溶液(乙液)，称取173克酒石酸钾钠与50克氢氧化钠，加适量水溶解，并稀释至500毫升，用精制石棉过滤，贮存于橡胶塞封盖的玻璃瓶内；0.1毫升高锰酸钾标准溶液；硫酸铁溶液，称取50克硫酸铁，加入200毫升水溶解后，加入100毫升硫酸，冷却后加水稀释至1 000毫升。

样品处理：称取2~5克样品，置于放有折叠滤纸的漏斗内，用约100毫升85%乙醇洗去可溶性糖类，将残留物移入250毫升烧杯内，并用50毫升水洗滤纸及漏斗，洗液并入烧杯内，将烧杯置沸水浴上加热15分钟，使得淀粉糊化，放冷至60℃以下，加20毫升淀粉酶溶液，在55~60℃保温1小时，并时刻搅拌。然后取1滴此溶液加1滴碘溶液，应不显现蓝色；若显蓝色，再加热糊化并加20毫升淀粉酶溶液，继续保温，直至加碘不显

蓝色为止。加热至沸,冷却后移入250毫升容量瓶中,并加水至刻度,混匀过滤,弃去初滤液。取50毫升滤液,置于250毫升锥形瓶中,并加水至刻度,沸水浴中回流1小时,冷却后加2滴甲基红指示液,用20%氢氧化钠溶液中和至中性,溶液转入100毫升容量瓶中,洗涤锥形瓶,洗液并入100毫升容量瓶中,加水至刻度,混匀备用。

测定:吸取50毫升处理后的样品溶液于400毫升烧杯内,加入25毫升甲液及25毫升乙液,于烧杯上盖上一个表面皿进行加热,控制在4分钟内沸腾,再准确煮沸2分钟,趁热用铺好石棉的古氏坩埚抽滤,并用60℃热水洗涤烧杯及沉淀,至洗液不呈碱性为止。将古氏坩埚放回原400毫升烧杯中,加25毫升硫酸铁溶液及25毫升水,用玻璃棒搅拌使氧化亚铜完全溶解,以0.1N高锰酸钾标准溶液滴定至微红色为终点。

同时,量取50毫升水及与样品处理时相同量的淀粉酶溶液,按统一方法做试剂空白试验。

计算:$X_1 = [(A_1 - A_2) \times 0.9]/(m_1 \times 50/250 \times V_1/100 \times 1\,000) \times 100$

备注:X_1为样品中淀粉的含量(%);A_1为测定用样品中还原糖的含量(毫克);A_2为试剂空白中还原糖的含量(毫克);0.9是还原糖(以葡萄糖计)换算成淀粉的换算系数;m_1是称取样品的量(克);V_1是测定用样品处理液的体积(毫升)。

(7)粗蛋白。粗蛋白是青贮饲料的重要指标,粗蛋白含量较高,青贮饲料质量越好。具体的判断标准见表7-8。

表7-8 青贮饲料中粗蛋白含量的判定标准

粗蛋白含量	≥8.2	≥7.0	≥6.2	≥5.4
等级标准	特级	一级	二级	三级

备注:此种青贮饲料一般都指全株带穗青贮玉米。

测定方法：

青贮饲料中的蛋白质和氨态氮经过浓硫酸的消化作用转变成氨气，并被浓硫酸吸收变为硫酸铵，在浓碱的作用下进行蒸馏，释放出氨气，氨气与硼酸结合成硼酸铵，经过盐酸滴定，便可计算出青贮饲料中的粗蛋白质含量。测定方法为凯氏法，具体方法如下：

所需设备和材料：凯氏定氮仪；烘箱；粉碎机；天平；

所需试剂：硼酸，10克硼酸（分析纯）溶于1 000毫升蒸馏水（用稀碱在酸度计上调节pH=4.5）制备10克/千克的硼酸溶液；氢氧化钠溶液，400克氢氧化钠（分析纯）注入3 000毫升的蒸馏水中制备0.1摩尔/升的盐酸标准溶液，再用无水碳酸钠溶液标定；定氮混合指示剂，0.1克溴甲酚绿溶于100毫升的95%乙醇和0.1克甲基红溶于100毫升的95%乙醇制备，每10升硼酸指示液中加入100毫升溴甲酚绿和70毫升甲基红溶液；催化剂，加入硫酸钾和硫酸铜混合物作为催化剂，硫酸钾和硫酸铜的质量比为15∶1。

测定方法：

粗蛋白质测定的样品前处理：取20克青贮样品在65℃烘48小时至恒重，粉碎后过40目筛备用。称取0.5克（精确到0.001克）样品采用凯氏定氮法测定粗蛋白质。

操作步骤：取5毫升发酵液样品，无损失地放入消解管中，加入7毫升硫酸和1勺消化催化剂进行摇匀，于420℃消解炉上进行消解1小时后用全自动定氮仪进行定氮。

（三）霉菌毒素安全评定

青贮玉米饲料的安全评价主要是对青贮原料本身或青贮过程中产生的有毒、有害物质的评价。霉菌毒素是在青贮过程中产生的主要有

毒、有害物质,对霉菌毒素的研究在行业内备受关注。青贮饲料中霉菌的主要种类为黄曲霉素、玉米赤霉烯酮和呕吐毒素,所以评定的主要指标有黄曲霉素、玉米赤霉烯酮和呕吐毒素。美国威斯康星大学研究表明,青贮饲料中黄曲霉素的含量应该小于20微克/升,玉米赤霉烯酮的含量应该小于300微克/升,呕吐毒素的含量应该小于6微克/升,详情见表7-9。

表7-9　青贮饲料中霉菌毒素的限量

霉菌毒素的种类	限量值(微克/升)
黄曲霉素	<20
玉米赤霉烯酮	<300
呕吐毒素	<6

由于饲料中霉菌毒素可通过动物代谢到人类可食用的畜禽产品中,并且,近年来饲料中霉菌毒素污染事件常有发生,所以国家对相关的食品、饲料等都规定了霉菌毒素的含量最高限值。青贮饲料中黄曲霉素B_1是已知化学物质中致癌性最强的一种,是青贮饲料中被重点控制、测定的化学指标。《食品安全国家标准食品中真菌毒素限量》(GB 2761—2011)规定乳及乳制品中黄曲霉素每毫升限量0.5微克/千克;《饲料卫生指标》(GB 13078—2001)规定了奶牛精料补充料中黄曲霉素B_1限量为10微克/千克,肉牛精料补充料中黄曲霉素B_1限量为50微克/千克,玉米、花生饼(粕)、棉籽饼(粕)、菜籽饼(粕)限量为50微克/千克,豆粕限量为30微克/千克。而青贮玉米饲料是反刍动物饲料的重要组成部分,也是饲喂反刍动物的主要食物来源,所以控制青贮玉米饲料的霉菌毒素的含量非常重要。玉米青贮饲料中黄曲霉素B_1含量分值见表7-10。

表7-10　玉米青贮饲料黄曲霉素B_1含量分值

项目	含量(微克/千克)					
黄曲霉毒素B_1	0~1	1.1~3	3.1~5	5.1~7	7.1~10	>10
评分(S_5)	25	20	15	10	5	0

一般玉米青贮饲料黄曲霉素的测定方法为胶体金法(NY/T 2550—2004),具体如下：

测定原理：

饲料中黄曲霉素 B_1 在层析过程中与胶体金标记的特异性抗体结合,抑制了抗体和硝酸纤维素膜检测线上黄曲霉素 B_1—BSA 偶联物的免疫反应,使检测线颜色变浅,通过检测颜色变化进行测定。

测定试剂：

水,按照 GB/T 6682 中的要求,二级；蔗糖($C_{12}H_{22}O_{11}$)；纯度大于98%的牛血清蛋白(BSA)；吐温~20($C_{58}H_{114}O_{26}$)；70%甲醇溶液,取70毫升甲醇(CH_3OH),加水30毫升,混匀；样品稀释液,取1毫升蔗糖、0.5克牛血清蛋白和2.5克吐温~20溶解于100毫升水中；1 000纳克/毫升黄曲霉素 B_1 标准溶液；100纳克/毫升黄曲霉素 B_1 标准储备溶液,准确吸取黄曲霉素 B_1 标准溶液1毫升,放入10毫升容量瓶中,甲醇定容,4℃保存3个月。

安全提示：

由于黄曲霉素毒性很强,试验人员需注意自我防护。操作时,应避免吸入、接触黄曲霉素标准溶液,标准溶液配制应在通风橱内进行,工作时应戴眼镜、穿工作服、戴医用乳胶手套。凡接触黄曲霉素的容器,需浸入10%次氯酸钠溶液12小时以上。同时,为了降低接触黄曲霉素的机会,鼓励直接购买并使用黄曲霉素的有证标准储备液。

仪器设备：

光谱成像检测仪或者胶体金层析检测仪,图像分辨率2 048×1 532dpi；分析天平,感量0.1克；分样筛,20目；均质机,转速≥20 000转/分钟；旋涡混合器；恒温装置,(37℃±2℃)；微量移液器,1~10微升,10~100微升,100~1 000微升；黄曲霉素 B_1 胶体金层析仪装置图,固定黄曲霉素 B_1—BSA 偶联物,检测灵敏度不低于0.31微升/千克,用于样品中黄曲霉及黄曲霉素B_1—BSA偶联物与胶体金标记抗体反应的载体,黄曲霉素B_1—BSA偶联率为(1:5)~(1:20)(BSA:AFB1)。样品垫,玻璃纤维、聚酯纤维或纸质薄片;硝酸纤维膜,4厘米毛细时间不小于135秒;金标垫,附着有5微升胶体金标记的黄曲霉素B_1抗体;吸水纸;底板;连接胶带;中速定性滤纸;净化柱,3毫升硅胶SPE柱。

分析步骤:

试样制备——样品粉碎至全部通过分级筛,充分混合。

前处理和空白基质溶液制备:

前处理——准确称取25克试样置于烧杯中,准确加入100毫升甲醇溶液,用均质机在20 000转/分钟条件下提取2分钟,静置1分钟,中速定性滤纸过滤,收集滤液,取2毫升滤液过净化柱,收集净化液。用稀释液稀释净化液至黄曲霉素B_1胶体金免疫层析装置检测范围内,旋涡混合器混匀,备用。

空白基质溶液制备——取阴性样品,制备空白基质溶液,备用。

恒温反应——取100微升稀释后的净化液加入黄曲霉素B_1胶体金免疫层析装置内,恒温装置反应10分钟。

结果计算:

胶体金免疫层析装置有效确认:黄曲霉素B_1胶体金免疫层析装置质控线出现红色条带,视为胶体金免疫层析装置有效,可用目测法或者光谱成像检测仪或胶体金免疫层析仪测定结果;如果胶体金免疫层析装置线不出现红色条带、弥散或是严重不均匀,视为胶体金免疫层析装置失效,需要重新检测。

目测法——黄曲霉素B_1胶体金免疫层析装置中检测线出现红色条带,表示样品中黄曲霉素B_1含量小于其限量值,判定为阴性;黄曲霉素B_1胶体金免疫层析装置中检测线未出现红色条带,表示样品中黄曲霉素B_1

含量大于其限定值,判定为阳性。

精密度:

重复性——采用仪器法测定,在重复性条件下,黄曲霉素 B_1 的含量不大于 10 微克/千克时,两次独立测定结果的相对误差不超过 20%;黄曲霉素 B_1 的含量大于 10 微克/千克时,两次独立测定结果的相对误差不超过 15%。

再现性——采用仪器法测定,在再现性条件下,黄曲霉素 B_1 的含量不大于 10 微克/千克时,两次独立测定结果的相对误差不超过 30%;黄曲霉素 B_1 的含量大于 10 微克/千克时,两次独立测定结果的相对误差不超过 20%。

(四) 微生物评定

1. 青贮微生物检测的意义与种类

了解附着在青贮饲料的微生物状况,可揭示青贮是否能顺利进行以及评价青贮饲料品质的优劣。全株玉米青贮发酵的过程中,在每个时期的微生物种类和数量都会发生变化。通过微生物的数量检测,能在一定程度上推测青贮发酵的强度,便于判断青贮发酵的状态。正常青贮发酵过程中,微生物总数大致为发酵前期快速增加,然后保持平稳,后期由于营养物质匮乏、pH 过低等不良环境导致微生物总数下降。因此,检测青贮的过程中各个不同时期青贮饲料表面附着微生物的群体数量、种类及其变化规律等具有重要意义。青贮微生物主要检测的有乳酸菌、酵母和真菌、肠杆菌和梭菌等这几大类。

(1) 乳酸菌。乳酸菌是青贮发酵中不可缺少的微生物,在青贮过程中发挥着重要的作用。若青贮原料表面附着的乳酸菌含量过低,则会大大影响青贮效果,使得青贮饲料的品质变差,这时应考虑添加乳酸菌添

加剂。乳酸菌在青贮发酵时产生的乳酸能快速降低pH抑制杂菌生长；随着pH的降低，乳酸菌自身也受到抑制，从而减少饲料营养损失。异质型发酵型的乳酸菌产生的乙酸和丙酸等其他发酵产物，可提高青贮饲料的有氧稳定性。

（2）酵母和真菌。酵母菌和真菌是影响青贮有氧稳定性的重要微生物。当青贮饲料接触空气后微生物大量繁殖，腐败菌、真菌等繁殖最为强烈，它破坏青贮饲料中的蛋白质，pH快速上升，形成大量吲哚和气体以及少量乙酸，使青贮饲料很快腐败。同时，一些真菌的次级代谢产物（如真菌毒素）危害动物的健康。

（3）肠杆菌。肠杆菌在降解NO_3中起到重要的作用，将其转化为亚硝酸盐和一氧化氮，这些物质将抑制梭菌的生长繁殖。虽然肠杆菌对青贮有着积极的影响，但这些物质危害动物健康。所以，快速抑制肠杆菌的生长对青贮是很有必要的。

（4）梭菌。青贮饲料中若梭菌含量过多，则会造成饲料干物质和营养成分损失过多，适口性大大下降。尤其是梭菌类在青贮过程中产生的丁酸和NH_3。不仅如此，它的大量繁殖，还会导致乳酸和营养物质（糖和蛋白质）的分解，引起pH升高。

2. 青贮微生物检测方法

（1）可培养方式检测。乳酸菌选择性培养：鉴别乳酸菌主要采用MRS培养基在30℃下厌氧培养检测，培养基中的乙酸钠使整个培养基pH降低，会对其他细菌有一定的抑制作用，再加上厌氧的环境，其他菌群较难生长。因此，采用MRS培养基可以分离出青贮饲料中的乳酸菌。

酵母和真菌的选择培养：鉴别酵母和真菌主要采用马铃薯葡萄糖琼脂（PDA）培养检测，马铃薯浸出液有助于各种真菌的生长，而葡萄糖提供能源，其他菌群很难适应这样营养相对缺乏的培养基，又因酵母和真菌在形态上有很大的差异,所以很容易区分。

肠杆菌的选择培养:肠杆菌的检测主要用蓝光肉汤琼脂培养检测。肠杆菌分泌的β-半乳糖苷酶分解 X-GAL(比色酶底物),改变底物的颜色(呈蓝色或蓝绿色)。肠杆菌分泌的β-醛酸苷酶降解 MUG(显色底物),改变底物颜色(呈蓝色或蓝绿色)。在35~37℃有氧培养2天后,如果存在肠杆菌,则会出现蓝色或蓝绿色的菌落。

梭菌的选择培养:检测梭菌所用的培养基为强化梭菌鉴别琼脂,培养基中的枸橼酸铁铵和亚硫酸钠是硫化氢指示剂。若存在梭菌,它们产生的硫化氢气体与枸橼酸铁铵和亚硫酸钠反应,产生黑色菌。

(2)非培养方式检测。由于微生物群在进行纯培养时,不可避免地会造成菌株的富集或衰减,人为地改变了原始菌群的微生物生态构成,对研究结果有时会造成较大偏差。相关研究表明,自然环境中有90%~99%的微生物用纯培养的方法无法培养出来。同时,纯培养分离方法采用配制简单的营养基质和固定的培养温度,忽略了生物相互作用的影响,使得可培养的微生物大大减少,仅占环境微生物总数的0.1%~1%。由于绝大多数微生物无法经过培养得到,丢失了大量微生物资源,也使得对微生物多样性的认识较片面,所以需要用非培养的手段评定微生物。

大量的研究证明,原核生物 rRNA 中的 16S rDNA 全长约 1 540bp,片段长度适中,信息量较大且易于分析。在细菌的 16S rDNA 中有多个区段高度保守,根据这些保守区人们可以设计出细菌的通用引物,用来扩增出所有细菌的 16S rDNA 片段。而细菌的 16S rDNA 也含有可变区的差异,根据这些差异可以用来区分不同的菌。

16S rDNA 序列分析技术是从微生物样本中提出 16S 的基因片段,通过克隆、测序或酶切、探针杂交等获得 16S rRNA 数据库中的序列数据或其他数据进行比对,确定其在进化树中的位置,从而鉴定样本中可能存

在的微生物种类。一般常用的方法有末端限制性片段长度多态性技术(TRFLP)、变性梯度凝胶电泳(DGGE)、SSCP、高通量测序。

第二节　玉米青贮裹包取用与饲喂

一　裹包青贮玉米的取用方法

青贮玉米一般在经过30～45天即可完成发酵,此时即可用来饲喂奶牛。裹包的青贮玉米应堆放整齐,同时不可堆放过高,防止倒塌,便于取用,在取用过程中要注意以下几点:

一是按照从前到后、从上到下的顺序依次取用。使用夹包机或叉车等机械将裹包按照这样的顺序进行搬运和取用。

二是按需取料,每次取料量饲喂1天为宜,现取现喂,避免引起饲料腐烂、变质。

三是由于裹包较窖贮的青贮玉米饲料的量少,是独立分装的包,所以取用时基本可灵活避免因开包后造成二次发酵污染。但若出现开包后不饲喂的情况,在利用机械或人工开包时要特别注意从青贮裹包底部进行开包,开包后按照顺序整齐地取出青贮饲料,不能掏取。不要将临时饲喂的青贮玉米饲料立即进行裹包封口处理,尽可能缩短取料面的暴露时间,避免二次发酵。

四是在裹包青贮玉米存放饲喂期间,要注意防止虫、鸟、鼠、蚁偷食饲料并破坏青贮膜,造成饲料污染、损失。

五是拆开包装后,取出发酵良好的青贮饲料投入全混合日粮(TMR)搅拌车加工。

二、青贮玉米的饲喂技术

1. 饲喂方法

初次饲喂时，家畜往往不习惯草食。刚开始先空腹饲喂少量青贮料，约为正常饲喂量的10%，再饲喂其他草料，或将青贮料与其他草料拌在一起饲喂。喂量应由少到多，逐渐达到适应后即可习惯采食。

（1）全混合日粮（TMR）方式饲喂。对于有条件的养殖场最好采用全混合日粮（TMR）方式饲喂牲畜，TMR可根据牲畜不同生理阶段和生产性能的营养需要将粗饲料、精饲料、饲料添加剂等按一定的比例进行充分的混合形成一种相对平衡的日粮，可以确保牲畜吃到的每一口日粮都有均衡的营养。如果采用TMR饲喂模式，需要确定好青贮料的添加比例，除此之外，还需要选择合适的TMR制作设备，以提高饲料的利用率。TMR饲喂方式有助于家畜对青贮饲料的适应和采食。

（2）投料饲喂。如果不使用TMR饲喂模式，在饲喂青贮料时则需要先喂青贮料、再喂干草，最后喂精料，以缩短青贮饲料的采食时间。

（3）饲喂量的确定。青贮饲料的饲喂量主要根据饲喂家畜的种类、年龄、体形、体况和生理阶段等因素，依据饲养标准，制定科学合理的日粮配方来最终确定。一般饲喂的量可参考表7-11的列举数据。

表7-11 不同家畜青贮类饲料饲喂推荐量[千克/(天·头)]

家畜种类	饲喂推荐量	家畜种类	饲喂推荐量
肉牛	10.0~20.0	成年绵羊	5.0~8.0
产奶母牛	15.0~25.0	马、驴	5.0~10.0
断奶犊牛	5.0~10.0	妊娠母猪	3.0~6.0
种公牛	10.0~15.0	哺乳母猪	2.0~3.0
成年猪	0.2~0.5	育成猪	1.0~3.0

2. 饲喂注意要点

(1)严禁饲喂霉变饲料。利用青贮玉米饲喂牲畜需要注意一些事项,这样才能提高饲料利用率,达到理想的饲喂效果。首先在青贮料发酵完成后,开窖时,如果闻到一股酸香味,并且饲料的颜色为黄绿色,用手抓握质地柔软、湿润,则说明青贮料的品质优良,可以取用饲喂,如果有异味,颜色异常,则说明质量不佳,不可饲喂,否则会让牲畜中毒。

(2)合理搭配饲料,提高饲料利用率。因青贮玉米中的糖分、粗蛋白质以及维生素的含量极高,但是粗纤维和矿物质的含量不足,并且饲料的酸度高,所以,在饲喂青贮玉米时为了避免对牲畜产生危害,需要在饲喂时适当地添加一定量的青干草和一些饲料添加剂,这样不但可以发挥青贮玉米的优点,还可以避免危害牲畜。例如体重在600千克、日产奶量在30千克以上的奶牛,在饲喂青贮料时,一般可以在其中掺入3~5千克的干草,对于有条件的奶牛养殖场还可以添加2千克的豆科牧草,这样奶牛的日粮营养丰富、均衡,可使奶牛的产奶性能得以提高。

(3)添加缓冲剂。青贮饲料的酸度较高,适量饲喂可以维持牲畜瘤胃的健康,但是在实际的养殖生产中,饲喂青贮料可能会引起牲畜发生酸中毒,从而危害瘤胃和机体的健康,还会导致饲喂牲畜的肉质或相关奶制品品质下降。因此,在饲喂大量的青贮料时,可以在日粮中添加缓冲剂,以中和瘤胃中的酸。常用的缓冲剂为小苏打,在日粮中添加1.5%的小苏打,可以调节瘤胃的pH,促进瘤胃蠕动,提高饲料利用率,避免牲畜发生酸中毒。